当代图形图像设计与表现丛书

3ds Max Vray

工程设计表现基础与实例详解

秦学军 著 /

二维码资源涵盖所有实例素材

涵盖各种命令和工具的操作技巧

设计案例与软件功能完美结合

全程图解

国家一级出版社
全国百佳图书出版单位

西南师范大学出版社
XINAN SHIFAN DAXUE CHUBANSHE

图书在版编目（CIP）数据

3ds Max/Vray工程设计表现基础与实例详解 ／ 秦学
军 著． — 重庆：西南师范大学出版社，2019.2（2020.9重印）
（现代图形图像设计与表现丛书）
ISBN 978-7-5621-9661-7

Ⅰ．①3… Ⅱ．①秦… Ⅲ．①室内装饰设计－计算机
辅助设计－三维动画软件 Ⅳ．①TU238-39

中国版本图书馆CIP数据核字(2019)第014490号

当代图形图像设计与表现丛书

主　　编：丁鸣　沈正中

3ds Max/Vray工程设计表现基础与实例详解　秦学军　著
3ds Max/Vray GONGCHENG SHEJI BIAOXIAN JICHU YU SHILI XIANGJIE

责任编辑：王正端　宋　洋
整体设计：鲁妍妍

西南师范大学 出版社（出版发行）

地　　址：重庆市北碚区天生路2号　　　　邮政编码：400715
本社网址：http：//www.xscbs.com　　　　电　话：（023）68860895
网上书店：http：//xnsfdxcbs.tmall.com　　传　真：（023）68208984

经　　销：新华书店
排　　版：重庆大雅数码印刷有限公司·张艳
印　　刷：重庆康豪彩印有限公司
成品尺寸：185mm×260mm
印　　张：9
字　　数：168千字
版　　次：2019年8月 第1版
印　　次：2020年9月 第2次印刷
书　　号：ISBN 978-7-5621-9661-7
定　　价：58.00元

序 《
PREFACE

中国道家有句古话叫"授人以鱼，不如授人以渔"，说的是传授人以知识，不如传授给人学习的方法。道理其实很简单，鱼是目的，钓鱼是手段，一条鱼虽然能解一时之饥，但不能解长久之饥，想要永远都有鱼吃，就要学会钓鱼的方法。学习也是相同的道理，我们长期从事设计教育工作，拥有丰富的实践和教学经验，深深地明白想要学生做出优秀的设计作品，未来能有所成就，就必须改变过去传统的填鸭式教学方法。摆正位置，由授鱼者的角色转变为授渔者，激发学生的学习兴趣，教会学生设计的手段，使学生在以后的设计工作中能够自主学习，举一反三，灵活地运用设计软件，熟练掌握各项技能，这正是本套丛书编写的初衷。

随着信息时代的到来与互联网技术的快速发展，计算机软件的运用开始遍及社会生活的各个领域，尤其是在如今激烈的社会竞争中，大浪淘沙，不进则退。俗话说："一技傍身便可走天下"，无论是对在校学生，还是职业设计师，又或是设计爱好者来说，想要熟练掌握一个设计软件，都不是一蹴而就的，它是一个需要慢慢积累和实践的过程。所以，本丛书的意义就在于：为读者开启一盏明灯，指出一条通往终点的捷径。

本丛书有如下特色：

（一）本丛书立足于教学实践经验，融入国内外先进的设计教学理念，通过对以往学生问题的反思总结，侧重于实例实训，主要针对普通高校和高职等层次的学生，可作为大中专院校及各类培训班相关专业的教材，适合教师、学生作为实训教材使用。

（二）本丛书对于设计软件的基础工具不做过分的概念性阐述，而是将详解的重心放在对案例的分析和设计流程的解析上，深入浅出地将设计理念和设计技巧在案例设计制图中传达给读者。

（三）本丛书图文并茂，编排合理，展示当今不同文化背景下的优秀实例作品，使读者在学习过程中与经典作品之美产生共鸣，接受艺术的熏陶。

（四）本丛书语言简洁生动，详解过程细致，读者可以更直观深刻地理解工具命令的原理与操作技巧，在学习的过程中，完美地将设计理论知识与设计技能结合，自发地将软件操作技巧融入到实践环节中去。

（五）本丛书与实践联系紧密，穿插了实际工作中的设计流程、设计规范，以及行业经验解读，为读者日后工作奠定扎实的技能基础，有助于其形成良好的专业素养。

感谢读者们阅读本丛书，衷心地希望你们通过学习本丛书，可以完美地掌握软件的运用思维和技巧，从而做出引发热烈反响和广泛赞誉的优秀作品。

前言
FOREWORD

"怎样才能快速绘制一张精美的室内外效果图？"这个问题是学生在完成施工图方案后常常思考和寻求解答的。最直接的方法就是请同学们翻开本书的工程实际案例进行3ds Max/VRay操作学习，本书的每一个案例都是基于真实的照片效果。古语云：欲得其中，必求其上，欲得其上，必求上上。对于效果图表现也是一样，只有选择合适的教材，才能学到高水平的技能。

笔者从事3ds Max/VRay效果图光与材质表现教学多年，乐于钻研效果图表现技巧。3ds Max/VRay可以帮助我们实现自己的设计梦想，所以学习和使用3ds Max/VRay是一件令人愉快的事。VRay渲染器是Chaos Group公司开发的功能卓著的渲染插件，它是一种结合了光线跟踪和光能传递的渲染器，其真实的光线计算能创建专业的照明效果，可用于建筑设计、灯光设计、室内设计等多个领域。VRay渲染速度也很快，很多设计公司都使用它来制作建筑动画和效果图，就是看中它渲染速度快的优点，并且它的控制参数也不复杂，完全内嵌在材质编辑器和渲染设置中，操作简单，即使初学者也很容易上手。在效果图表现、影视广告、工业设计、建筑设计、多媒体制作、游戏、辅助教学以及工程可视化等领域发挥着重要作用。

本书以3ds Max/VRay软件为设计平台，以三维效果图表现的实际应用为引导，全面系统地详解效果图的绘制流程。工程设计案例与软件功能的完美结合是本书的一大特色，书上所有案例都是作者和相关从业者多年的学习经验总结，在案例的选取上考虑到知识的扩展性及绘制效果图过程中精髓要点，通过案例教学详解涉及的软件功能，这样的内容安排令读者在不同的效果图设计案例中提升软件的操作技能，体验效果图表现的学习乐趣。在动手实践过程中轻松掌握软件的使用技巧，熟悉效果图的制作流程，真正做到学以致用。

本书共分为七章，第一章是3ds Max的基础知识，主要讲授该软件在使用过程中的一些必要设置。第二章是模型绘制基础，通过一些简单模型详解常用的三维、二维和复合建模方法，熟悉多边形建模应用。第三章是家居客厅效果图的表现，详解室内家居客厅效果图的表现方法和流程。第四章是高层建筑效果图的表现，详解建筑效果图的表现方式和流程。第五章是银行大厅效果图的表现，深入室内效果图制作练习。第六章是360°客厅全景效果图表现，懂得Pano2VR三维全景图片转换，运用微信发布动态效果图。第七章作品欣赏，通过一些优秀的表现案例来启发学习者的3D技术运用思路。书中的二维码包含了配套的模型和所使用的材质图片以及第二章至第六章的教学视频，同时提供了常用的材质库和光域网文件，方便读者选择运用。

由于时间仓促，加上笔者水平和经验有限，书中难免有错误和不当之处，敬请广大同仁与读者批评指正。

目录 CONTENTS

目录
CONTENTS

第一章
3ds Max 的基础知识及前期设置

本章导读

　　本章主要学习 3ds Max 的基础知识及前期设置，包括界面组成、主工具栏中常用制图工具的运用、工作视图切换、单位设置、视图背景颜色和捕捉工具的设置等基础知识，重点学习绘制简单三维物体，并能对物体进行移动、选择、旋转、缩放等操作。

学习目标

- 了解 3ds Max 操作界面
- 了解 3ds Max 应用领域
- 了解 3ds Max 绘制标准几何体的基本方法
- 了解效果图的一般制作流程
- 掌握物体移动、选择、旋转、缩放操作和 3ds Max 各个视图之间的切换方法

第一节　关于 3ds Max 2014

一、任务内容

（一）知识目标

1. 了解 3ds Max 2014 概念；

2. 熟练掌握 3ds Max 2014 室内外效果图应用领域。

（二）任务要求

1. 理解效果图概念，熟悉 3ds Max 2014 室内外效果图应用领域；

2. 理解建模、赋予材质、设置摄像机、布置灯光、渲染出图、后期处理效果图绘制流程。

二、3ds Max 2014 简介

　　Autodesk 3ds Max 2014（3DMAX2014）是 Autodesk 公司基于 PC 系统开发的三维动画渲染和制作软件，在当前社会业内最为常用 Autodesk 3ds Max 2014（3DMAX2014 中文版）的前身是基于 DOS 操作系统的 3D Studio 系列

软件。3ds Max 最主要的应用是制作建筑室内外效果图和建筑动画，因为它的建模方式和列表的特性决定了它可以快速高效地制作出建筑模型，它可以与 Vray 渲染插件相配合，渲染出高清写实的效果图。它以强大、完善的功能和易学易用的特点，赢得了广大三维图像爱好者的喜爱，在三维效果图表现领域占据了核心地位，如图 1-1 所示。

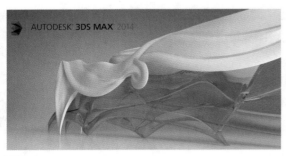

图 1-1

常言道：工欲善其事，必先利其器。对于使用 3ds Max 2014 从事三维效果图表现的设计师来说，首先必须要准备适合配置的计算机。根据最新版本 3ds Max 2014 的要求，其安装硬件要求如下：

操作系统：Microsoft Windows8 或 Windows7 64 位专业版；

CPU:Intel 奔腾 4 处理器（主频 1.4 GHz）或相同规格的 AMD 处理器；

内存和硬盘：需要至少 256MB 物理内存和 600MB 硬盘空间，在制作场景的过程中，越复杂的场景需要的内存空间就越多（推荐使用 512MB 内存）；

显卡：显卡的好坏将直接影响效果图的渲染速度和渲染质量。推荐使用专为绘图领域设计的图形加速显卡，这种显卡同时还要支持 OpenGL 和 Direct3D 硬件加速。

三、3D 效果图应用领域

效果图是设计师通过 3ds Max 软件配合 V-Ray 渲染插件来表现出在设计项目实现前的一种理想状态下的效果表现。3D 效果图就是立体的模拟图像，好的 3D 效果图接近于相片，例如家庭房屋装修，可以在施工期提前把装修完成的样子帮你用计算机绘制出来，即 3D 效果图，可以让你一目了然地判断用这个设计方案装修出来的房子你是否会喜欢，给你一定的选择性和认知性。3D 效果图的重要性不仅可以表现平面 2D 图片，使用大量的 3D 效果图可以制作 360° 全景动画，还可以模拟电影效果，完成楼盘项目竣工后的动画场面，其作用相当重要。3D 效果图应用领域广泛，在室内表现、建筑表现、工业设计、动画制作等多个领域发挥着重要的作用。

（一）家装效果图表现

家装效果图就是在民用住房装饰施工之前，用于把施工后的实际效果真实、直观地表现出来的图纸。包括各类样板房、别墅、民宿住宅、家庭装修等效果图。

（二）展览和办公空间效果图表现

展览效果图包括各类综合展览会、博览会效果图，以及房地产、工业、糖酒食品、高科技产品交易会效果图等；办公空间效果图包括经理办公室效果图、员工办公室效果图、接待室效果图、报告厅效果图、入户大厅及走廊效果图等。

（三）室外建筑效果图表现

室外建筑效果图的表现不同于家装效果图的表现，室外建筑效果图不仅是对室外墙体硬装的体现，更多展现的是建筑主体形态、环境景观、人文地理甚至天气时节等综合因素完成后的建筑环境效果。包括各类居住小区、酒店、办公大楼、工厂等户外建筑环境效果图表现。

（四）商业空间效果图表现

包括大型综合商场效果图,服装、珠宝首饰、手机、电器、礼品等各类精品专卖店效果图，或大型商场内商铺的设计及公司的产品展厅设计效果图等。

（五）酒店空间效果图表现

包括大堂装修效果图，客房效果图，卫生间效果图，单人间效果图，标准间效果图，豪华套房效果图，总统套房效果图，中餐厅效果图，西餐厅效果图，会议室效果图等。

（六）3D 全景效果图表现

三维全景图也称为 360° 全景图、全景环视图。全景图具有广泛的应用领域，如旅游景点、酒店宾馆、建筑设计、房地产、装修展示等。在建筑设计、房地产等领域，装修效果可以通过全景技术来完成。全景图既弥补了效果图角度单一的缺憾，又比三维动画经济实用，可谓是设计师的最佳选择。

四、效果图的一般制作流程

（一）建模

建模是绘制效果图过程中的第一步，也是后续绘图工作的基础。在效果图制作时，通常会先导入 CAD 平面图，再根据导入的平面图的准确尺寸在 3ds Max 中建立模型。在建模阶段应当遵循以下两个原则：

1. 外形轮廓准确

在这个阶段，工作主要是熟悉 CAD 平面布置图，了解建筑的基本概况，导入建筑的平面图和立面图，在 3ds Max 中绘制建筑三维模型。建模顺序要正确，建模前对空间进行分析，模型绘制要精确，摄像机不能见到的模型不建。建筑效果图外形的准确是决定一幅效果图合格的最基本条件，如果没有合理的比例结构关系，没有准确的外形轮廓，就不可能有正确的建筑造型效果。在绘制效果图过程中要运用捕捉和对齐工具精确建模，应灵活运用这些工具，达到精准建模的目的。

2. 注意细节层次

在建模的过程中，在满足结构要求的前提下，应尽量降低造型的复杂程度，也就是尽量减少造型点、线、面的数量。这样，不仅不影响整个工作的顺利进行，而且会加快渲染速度，

提高工作效率，这是在建模阶段需要着重考虑的问题。每一个建筑造型，都有很多种建模方法，灵活运用 3ds Max 提供的多种建模方法，从而制作既合理又科学的建筑造型，在建模时不仅要选择一种既准确又快捷的方法来完成建模，还要考虑在以后的操作中模型是否便于修改。

（二）赋予材质

当我们把模型建好后，我们所看到的物品，房屋都是没有色彩的，那我们就需要给我们看到的房子添上外衣，包括室内各个物品的贴图、地板的贴图、室外天空的贴图。有时候一些很不起眼的东西放到整个模型中也会对画面有很大的影响。这个阶段的主要任务就是根据工作场景需要，制作合适的材质并赋予建筑场景不同的构件。赋予材质是让绘制物体看起来更具备真实生活中的物体属性。在调制材质阶段应当遵循以下两点原则：首先贴图纹理正确，通过为物体赋予一张纹理贴图来实现造型的材质效果，而质感是依靠材质的表面纹理来体现的，尽量表现出正确的纹理，这就要选用无缝贴图来完成材质制作；其次了解各种材质的物理属性，真实的材质效果不是仅靠一种纹理就能体现的，还需要其他属性的配合，物体具有不透明、反射、反射光泽度、自发光等属性，用户应当灵活运用这些属性来完成真实材质的再现。不同的材质对光线的反射程度不同，针对不同的材质应当选用适当的明暗方式，简单的材质调配方法有时更能表现出真实的材质效果。因此，在制作材质的过程中，不要一味追求材质的复杂性，不要将所有属性都进行设置，而要根据渲染的视觉效果，灵活调配材质。

（三）灯光和摄像机的设置

赋予材质后，我们还需要给场景布置灯光。白天室外的灯光，夜晚室内的灯光都是不同的，不同时间段的光线，会照出不同的环境色。不同材质的物体，其高光、反射、漫反射都是不同的，物体周围的反射可以衬托出物体的体积感。在建筑室内外效果图制作中，效果图的真实感很

大程度上取决于对细节的刻画，而灯光在效果图细部刻画中起着至关重要的作用，不仅造型的材质感需要通过照明来体现，而且物体的形状及层次也要靠灯光与阴影来表现。这个比较灵活，在制作中遵守近实远虚和明冷暗暖的原则。光源和创造空间艺术效果有着密切的联系，光线的强弱、光的颜色以及光的投射方式都可以明显地影响空间感染力。总之在灯光的运用上要用心去感觉、体会。灯光布置后就需要为场景设置摄像机，目的是给创建的场景模型物体选择一个合适的观看角度。

（四）渲染出图

渲染是将 3ds Max 中制作的三维场景转换为可供打印输出的二维平面图像的过程，将设计内容利用 V-Ray 渲染插件制作成最终效果图或动画的过程。在 3ds Max 系统中制作效果图，无论是在制作过程中还是在制作完成后，都要对制作的结果进行渲染，以便观看其效果并进行修改。渲染所占用的时间非常长，所以一定要有目的地进行渲染，在最终渲染成图之前，还要确定所需的图像大小，输出文件应当选择可存储通道的格式，这样便于进行后期处理。

（五）后期处理

在 3ds Max 中渲染出图后，还需要使用 Photoshop 软件对其进行后期处理。在处理场景

的色调及明暗度时，应尽量模拟真实的环境和气氛，使场景与配景能够和谐统一，给人以身临其境的感觉。主要包括修改渲染图像的后期不足，调整图像的品质，添加天空云彩、树木、人物、花鸟等各种配景，让渲染后的图片变得更加真实、生动。

第二节 3ds Max 2014 工作界面介绍

一、任务内容

（一）知识目标

1. 熟练掌握 3ds Max 2014 操作界面、主工具栏、命令面板、工作视图的切换等内容；

2. 能运用软件绘制长方体，熟悉复制、移动、缩放、捕捉等基本操作。

（二）任务要求

1. 掌握单位设置，3ds Max 2014 软件各工作视图的切换；

2. 完成标准几何体的创建，懂得如何修改参数，熟悉复制、移动、缩放等基本操作。

二、认识界面

3ds Max 的初始工作界面如图 1-2 所示，在

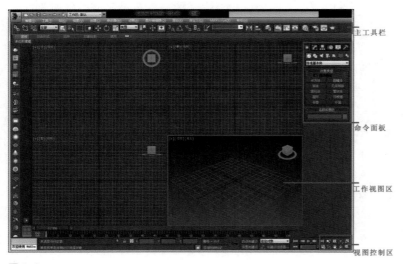

图 1-2

绘制效果图的过程中比较常用的部分有工作视图区、主工具栏、命令面板和视图控制区。

三、主工具栏

在 3ds Max2014 菜单栏的下方有一栏工具按钮,称为主工具栏,通过主工具栏可以快速访问 3ds Max2014 中很多常见任务的工具和对话框。将鼠标移动到按钮之间的空白处,鼠标箭头会变为矩形形状,这时可以拖动鼠标来左右滑动主工具栏,以看到隐藏的工具按钮。在主工具栏中,有些按钮的右下角有一个小三角形标记,这表示此按钮下还隐藏有多种按钮选择。当不知道命令按钮名称时,可以将鼠标箭头放置在按钮上停留几秒钟,就会出现这个按钮的中文命令提示。

提示:找回丢失的主工具栏的方法——点击菜单栏中的【自定义】/【显示】/【显示主工具栏】命令,即可显示或关闭主工具栏,也可以按键盘上的【Alt+6】键进行切换。

四、命令面板

这部分作为 3ds Max 的核心操作功能区,命令面板包括了场景中建模和编辑物体的常用工具及命令,命令面板由六个用户界面面板组成,使用这些面板可以访问 3ds Max 的大多数建模功能,以及一些动画功能、显示选择和其他工具。命令面板集成了 3ds Max2014 中大多数的功能与参数控制项目,它是核心工作区,也是结构最为复杂、使用最为频繁的部分。创建任何物体或场景主要通过命令面板进行操作。在 3ds Max2014 中,一切操作都是由命令面板中的某一个命令进行控制的。第一个用于创建场景中物体,包括几何体、摄影机、灯光等等;第二个是修改命令面板,常用于物体的修改与编辑。这两个命令面板在绘图过程中极为常用。

五、工作视图的改变

3ds Max 软件的操作界面以四个视图的形式显示,它是将一个物体的三个对立面进行分开显示,分别是顶视图(通常可以理解为物体顶面)、前视图、左视图和透视图(可以理解为能看到物体三个面),如图 1-3 所示。绘图过程中视图可以相互切换,即一种视图可以按需要快速转换为其他视图,也可以随时恢复。在顶视图、前视图、左视图操作界面不可以随意旋转,因为旋转就变到正交视图,正交视图不

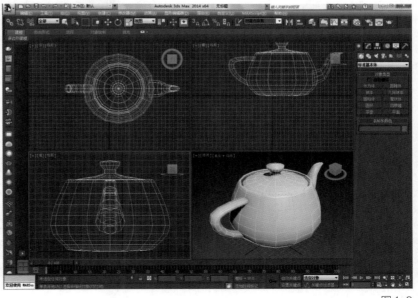

图 1-3

具备物体修改操作性，只能在透视图进行旋转。

一般用快捷键来切换各个视图，下面是各视图切换的快捷键：

T：顶视图

B：底视图

L：左视图

F：前视图

C：摄像机视图

U：用户视图

P：透视图

绘制效果图时一般将当前视图满屏显示，有时需要点击【Z】最佳显示视图，然后通过【Alt+W】缩小或放大视图。

六、3ds Max 软件常用设置

（一）单位设置

在绘制效果图过程中以毫米为单位，下面介绍将系统单位和显示单位设置为毫米的过程。

1.设置显示单位。在软件运行菜单命令自定义→选择单位设置，弹出"单位设置"对话框"公制"选项，在下面的下拉菜单中选择【毫米】（如图1-4所示）。

2.设置系统单位。点击"单位设置"对话框上方的"系统单位设置"按钮弹出"系统单位设置"面板，在对话框的下拉菜单中选择【毫米】（如图1-4所示）。软件操作第一次将单位设置以后就不需要重复设置了。

（二）隐藏动力学系统和栅格的图标

由于版本发展等原因，界面都会显示动力学系统图标，会占用视图操作空间，因此常常可以将动力学系统图标隐藏（如图1-5所示）。视图中栅格"网络线"的功能一般不用，留在视图会影响制图操作。通常使用快捷键【G】隐藏栅格。完成上述设置之后，界面将会变成图1-6所示的用户常用界面。

（三）捕捉工具的设置

在绘图过程中经常使用捕捉功能，物体移动或旋转时候都会自动靠近另一个物体的"边"或者"点"，捕捉工具的使用可以提高绘图速度和准确性，方便复制使用，这比使用对齐功能要简单。选项卡中的【角度】数值框可以设置捕捉的角度，对应旋转工具一般情况下都会将角度捕捉设置为"5"；选项卡中的百分比

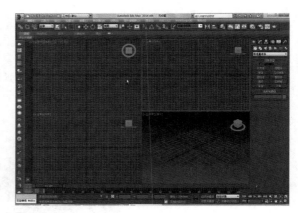

图1-5

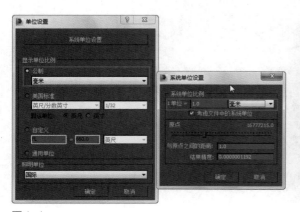

图1-4

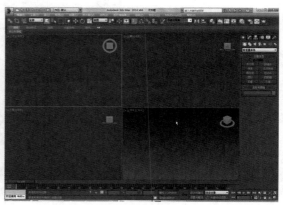

图1-6

数值框可以设置放大缩小的百分比，对应缩放工具百分比为 "10"。如果一个物体与另一个物体的距离或角度不是整数，在捕捉操作距离相等的轴线之间复制多个物体，用阵列不方便输入物体间距尺寸，使用对齐又只能逐个复制，而建模过程中用捕捉功能就可以既快而又准确地复制出多个物体。捕捉设置快捷键【S】，选择捕捉点可以方便移动物体。

捕捉工具包括二维平面捕捉、2.5 维捕捉、三维捕捉、角度捕捉、百分比捕捉等。使用同一个设置面板，设置的方法是选中某一个捕捉工具，点击鼠标右键，即可以出现栅格和捕捉设置面板。通常我们选择 2.5 维（三维和二维之间平面捕捉），表示既可以捕捉二维物体又可以捕捉三维物体。

在栅格和捕捉设置面板中，捕捉选项卡中共有 12 种捕捉方式，可以直接在上面勾选所需要的捕捉选项，常用的快捷捕捉是顶点、端点和中点三个选项，如图 1-7 和 1-8 所示，该选项卡的设置对应移动工具。

（四）移动物体轴向的锁定

在绘图过程中经常会移动物体，锁定轴向并且配合捕捉工具，可以实现物体精确地移动，当物体的轴向变成黄色的时候表示只能往激活方向移动。【F5】控制物体沿 X 轴移动；【F6】控制物体沿 Y 轴移动；【F7】控制物体沿 Z 轴移动；【F8】控制物体沿 XY、YZ、XZ 轴移动。如图 1-9 所示。

（五）选择物体并锁定

在绘图过程中选择移动、旋转等操作时将所选中的物体锁定，这样就不会选到其他物体，只对选中物体进

行编辑，快捷键为【空格键】。如现在选中这个长方体则只能操作该物体，操作完成后再次点击【空格键】即可解除物体的锁定状态，如图 1-10 所示。

图 1-7　　　　　　　　　　　　　　图 1-8

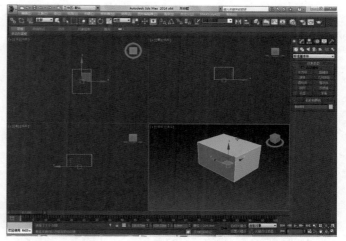

图 1-9

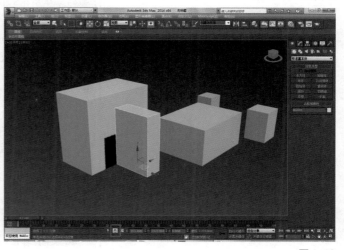

图 1-10

（六）复制物体对话框

复制：复制物体需配合【Shift】键移动物体，就可以实现物体的复制，原物体与复制物体没有关系。

实例：实例复制物体需配合【Shift】键移动物体，就可以实现物体的复制，对任一物体的其他参数修改都会影响到另一物体。

参考：参考复制物体需配合【Shift】键移动物体，对原物体的修改会影响到复制的物体，而复制的物体的修改不会影响到原物体。副本数就是用来设置复制的数量。复制选项面板，如图1-11所示。

（七）设置文件自动存盘的次数

在菜单栏自定义首选项中选择选项卡，文件自动备份参数的设置，来避免文件的丢失，在每次作图的过程中设置每次自动存盘的间隔时间，一般设置存盘文件个数为3个，间隔时间为5分钟，如图1-12所示。这样如果操作不慎强行关闭软件后就可以在备份文件夹里找回5分钟前的操作文件。

（八）常用快捷键设置

在菜单栏自定义选项中选择键盘选项卡，在类别里面选择你要设置快捷键的选项，如修改命令选项，设置常用的【挤出】、【编辑样条线】、【编辑多边形】等常用编辑操作等，设置快捷键完成后并指定，最后点击保存即可以使用快捷键。如果选择创建命令系统快捷键设置，就在类别里选择创建物体类别，如图1-13所示。

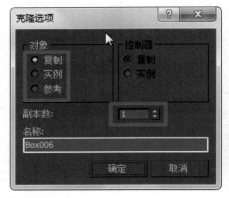

图1-11

图1-12

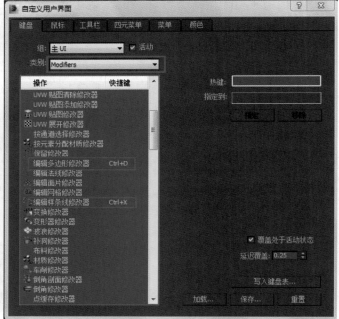

图1-13

第二章
模型绘制基础

本章导读

本章主要学习拐角楼梯、推拉门、闸机等基础模型的绘制，通过项目案例教学让学生熟练掌握三维物体的创建与修改操作。拐角楼梯的绘制主要是由长方体通过复制、移动、组合成模型。推拉门的绘制主要通过二维图形创建、编辑样条线、倒角剖面、挤出修改得到目标图。闸机模型是将长方体绘制转换为可编辑多边形，然后修改得到新的物体。培养学生的三维空间思维转换能力，可以为下一步整体空间模型的表现打下良好基础。

学习目标

- 熟悉【编辑样条线】和【挤出】命令的基本功能
- 熟悉【可编辑多边形】，通过子物体修改得到新的物体
- 熟悉 3ds Max 各个视图之间的切换，掌握将二维图形通过【倒角剖面】修改得到三维物体的方法

第一节 拐角楼梯的绘制

一、任务内容

本节内容为拐角楼梯模型的绘制，最终效果图如图 2-1 所示。

（一）任务目标

1. 熟练掌握三维物体的创建、调整与组合操作；

2. 熟悉捕捉面板的设置并掌握快速对齐物

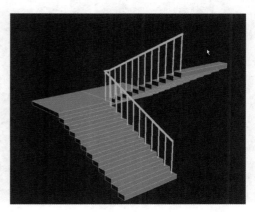

图 2-1

体的方法，能够使用捕捉功能并复制物体；

3.能够精准控制并移动物体，提高分析问题的能力，要清晰地记住创建模型的方法和基本过程；

4.在学习创建过程中提高迁移能力，争取做到举一反三。

（二）任务要求

1.根据模型特征选择合适的建模方法，熟悉各个视图切换，培养空间想象能力，要求建模思路清晰，顺序合理；

2.根据教学要求进行专项训练，通过训练指定的模型来掌握对应的建模方法，要求严谨、认真地完成任务。

二、知识链接

案例中拐角楼梯的绘制主要运用到以下知识：

（一）长方体在建模过程中的作用

标准几何体中的长方体可以用来创建不同尺寸、不同方向、不同比例的长方体，如梯步、长方形桌子台面、柜子等，用途极为广泛。在创建绘制的过程中，它包含了各个视图之间的转换和选择，需要注意长方体三个方向的分段和尺寸。

（二）捕捉工具的设置

捕捉工具的设置，如图 2-2 所示。

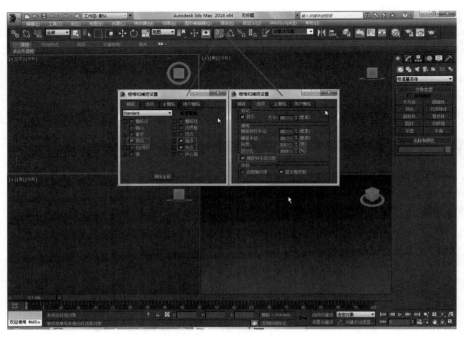

图 2-2

三、任务实施

1. 将【显示单位比例】和【系统单位比例】设置为"毫米",如图 2-3 所示。

2. 按【T】激活顶视图,绘制梯步的第一步,尺寸如图 2-4 所示。

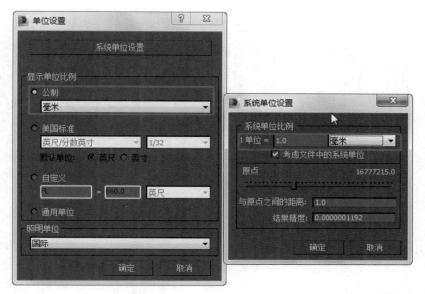

图 2-3

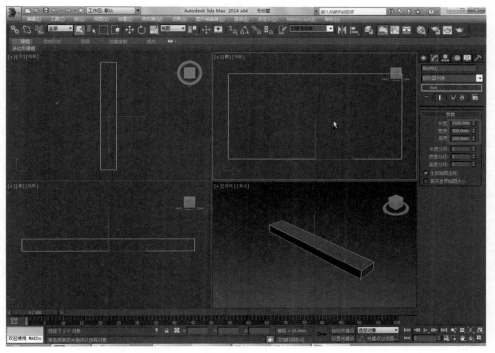

图 2-4

3. 按【F】切换到前视图，点击【Alt+W】将视图最大化显示，如图 2-5 所示。

4. 按【S】打开捕捉，选择【顶点】选项，

按住【Shift】同时移动长方体，出现复制对话框输入数量"10"，再按【P】切换到透视图，完成如图 2-6 所示。

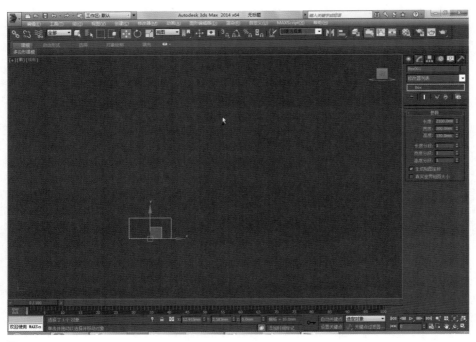

图 2-5

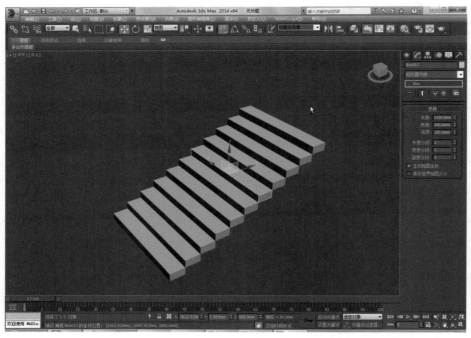

图 2-6

5. 按【F】切换到前视图，复制最后一块梯步，并修改尺寸，宽度为"1800毫米"，作为拐角楼梯梯步，如图2-7所示。

6. 按【T】切换到顶视图，复制拐角楼梯梯步和上楼梯的第一步，如图2-8所示。

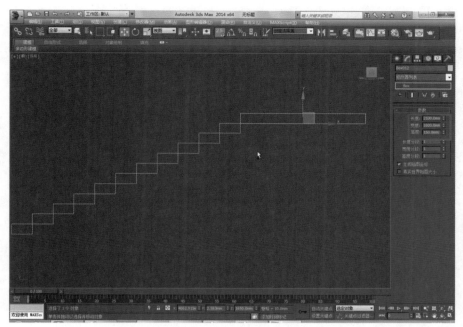

图2-7

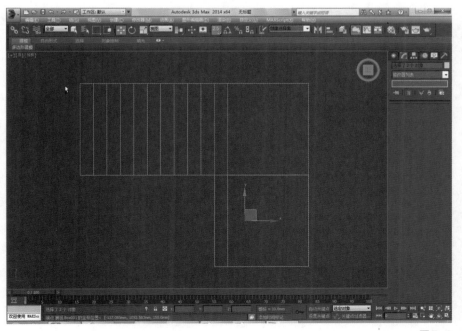

图2-8

7. 按【F】切换到前视图，复制上二楼楼层的其他梯步，如图 2-9 所示。

8. 按【P】切换到透视图，如图 2-10 所示。

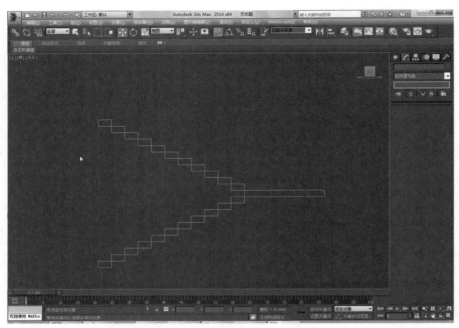

图 2-9

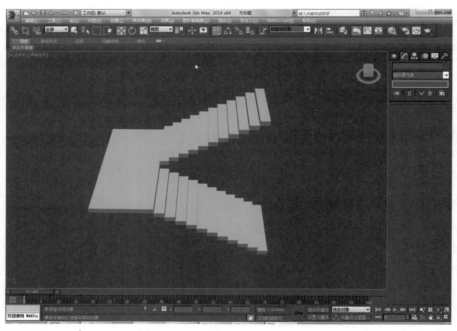

图 2-10

9. 利用【标准基本体】里的【圆柱体】命令绘制扶手栏杆，半径尺寸为"30毫米"，高"1100毫米"，如图2-11所示。

10. 按【F】切换到前视图，为二楼楼层其他梯步复制栏杆，如图2-12所示。

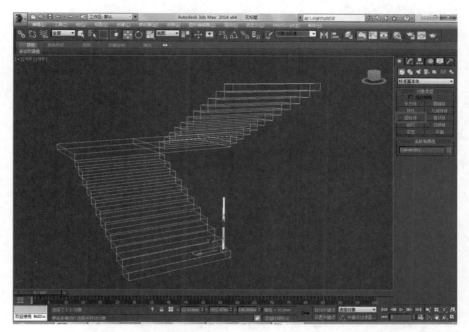

图 2-11

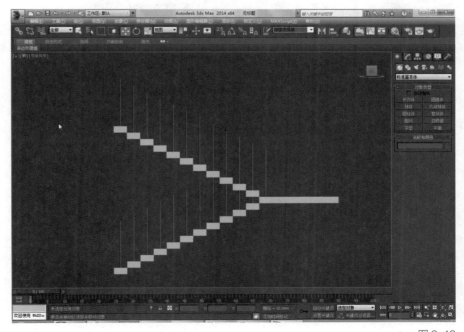

图 2-12

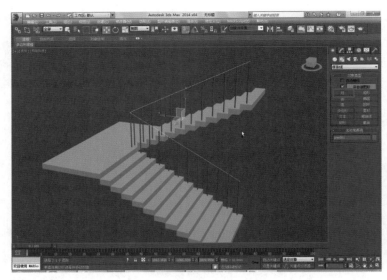

图 2-13

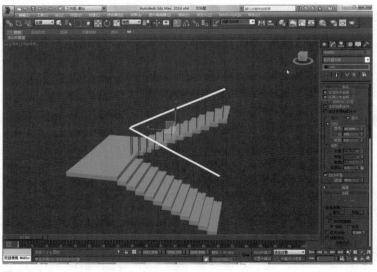

图 2-14

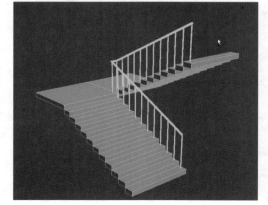

图 2-15

11. 按【P】切换到透视图，打开【S】捕捉命令，设置为【三维捕捉】形式，运用绘制【图形】命令里的【线】绘制效果，如图 2-13 所示。

12. 选择修改，打开【渲染】卷展栏，勾选【在渲染中启用】和【在视口中启用】，并修改径向尺寸，如图 2-14 所示。

13. 绘制完成如图 2-15 所示。

扫二维码"2.1.1"，观看拐角楼梯绘制视频。

2.1.1 拐角楼梯绘制

第二节 客厅推拉门的绘制

一、任务内容

本节任务为客厅推拉门的绘制，效果如图2-16所示。

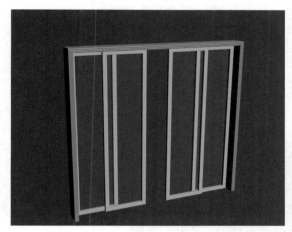

图2-16

（一）任务目标

1. 熟悉【编辑样条线】和【挤出】命令的基本功能；

2. 掌握二维【线】和【矩形】的绘制与编辑；

3. 掌握二维线型转换为三维物体的方法，熟悉【倒角剖面】的运用。

（二）任务要求

1. 根据模型特征选择恰当的建模方法，要求绘制物体过程中建模思路清晰，顺序合理恰当；

2. 针对教学要求做专项训练，要求在绘制过程中严谨、认真。

二、知识链接

案例中推拉门的绘制主要用到以下知识：

（一）编辑样条线的主要功能

1. 对二维线型的顶点、分段、样条线三个层次级进行移动、旋转、缩放等变换修改；

2. 对二维线型进行点的添加与焊接；

3. 对二维线型样条线进行二维布尔运算；

4. 对二维线型进行外轮廓处理；

5. 对二维线型顶点、分段、样条线三个层级进行分离、合并与删除。

（二）关于修改器列表

列表记录对二维或三维对象所作的各种修改，包括创建参数，但不包含变换（移动、旋转、缩放）操作。列表对场景对象的记录功能包括以下3个方面：

1. 记录对象从创建至被修改完毕这一全过程所经历的各项修改，包括创建参数、修改命令及空间变形。

2. 在记录的过程中，保持各项修改过程的顺序，即创建参数在最底层，其上是各修改工具，最顶层是空间变形参数。

3. 列表不但记录操作的过程，而且还可以随时返回其中的某一步骤进行重新操作。

修改器列表的内容如图2-17所示。

图2-17

（三）关于【挤出】命令

挤出：可以将二维线型转化为三维物体的命令，在3ds Max软件中绘制墙体最快的方法就是使用【挤出】命令来解决。

数量：设置挤出的厚度或高度。

分段：挤出高度方向上的段数。如果绘制造型比较复杂的模型还需要多增加一些段数。

封顶：设置挤出物体的顶面和底面是否封闭。

面片：以面片的形式输出。

使用材质 ID 号：自动对挤出的对象进行 ID 号的分配。底面为 1，顶面为 2，侧面为 3。

三、任务实施

1.将【显示单位比例】和【系统单位比例】设置为毫米，建模设置的长度单位均为毫米，如图 2-18 所示。

2.绘制推拉门套。通过任务载体中的图片可以分析推拉门套外轮廓线的形状，它是由两个长方形组成，这种模型不可以直接绘制得到，而应当由二维建模的方法来创建，也就是绘制二维图形通过一定命令的编辑形成模型的外轮廓线，然后为这条外轮廓线施加【挤出】命令，从而得到一个三维模型。

3.分析门套线模型是运用【线】和修改命令【倒角剖面】完成的，3ds Max 中并不是对于所有创建的对象都可以使用【倒角剖面】这个修改器

命令，二维图形才适合用倒角剖面命令，一个单独的二维图形加上倒角剖面后，就变成了一个三维图形，一般都是创建两个二维图形，一个作为路径，一个作为截面。按【F】切换到前视图，首先第一步运用二维图形【线】命令绘制门套外轮廓，第二步运用【矩形】命令绘制长 120 毫米，宽 60 毫米的矩形作为截面图形，第三步点击【编辑样条线】选择【顶点】层级进行优化加点，并将右上角点确定为首顶点，第四步选择门套路径，选择修改命令【倒角剖面】点击【拾取剖面】截面图形，就完成门套线的绘制，完成如图 2-19 所示。

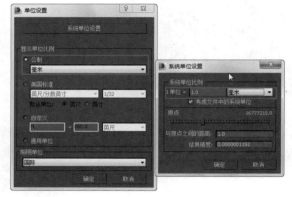

图 2-18

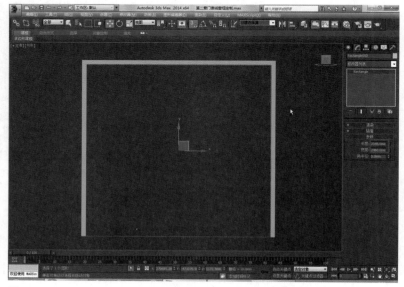

图 2-19

4. 目前所绘制的矩形是捕捉在门套线内，要表现四扇推拉门必须修改尺寸，如图 2-20 所示。

5. 选择修改【编辑样条线】命令，激活【样条线】选择【轮廓】并输入尺寸"60 毫米"，如图 2-21 所示。

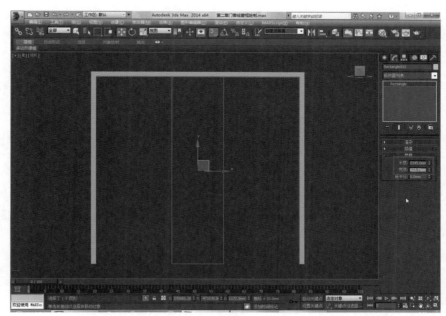

图 2-20

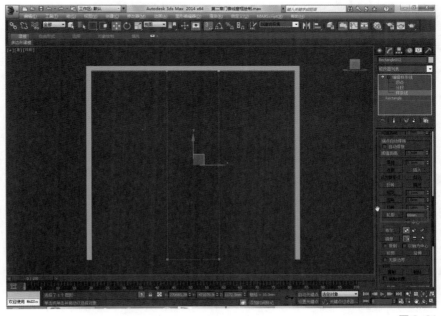

图 2-21

6. 选择【挤出】命令，在参数卷展栏中将数量设置为"40毫米"给予推拉门厚度，如图2-22所示。

7. 选择挤出的推拉门模型点击鼠标右键，激活转换为【可编辑多边形】，选择【顶点】并执行【连接】，再选择窗框其他三个角点，分别点击【连接】，操作如图2-23所示。

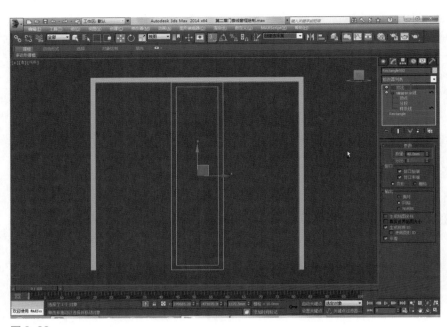

图 2-22

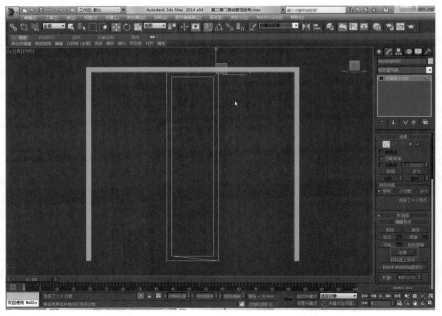

图 2-23

8. 激活【边】命令选择键盘【退格】键删除多余线，操作如图 2-24 所示。

9. 激活【边】选择推拉门套上任意一条线点击【环形】再选择【循环】，这样选中所有

推拉门套边线执行【切角】命令，并输入如图 2-25 所示尺寸。推拉门套绘制完成，如图 2-25 所示。

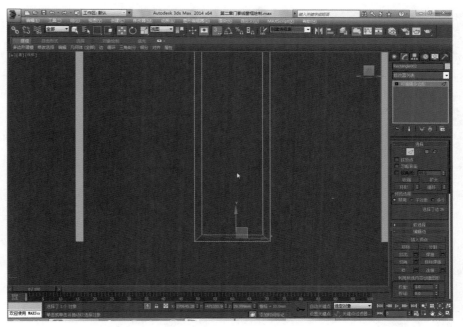

图 2-24

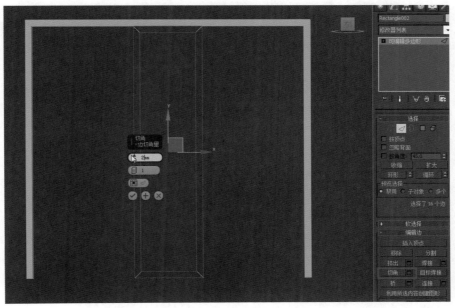

图 2-25

10.下面选择【标准基本体】中的【平面】并激活【S】设置捕捉，绘制玻璃模型，并运用修改命令【壳】，【内部量】和【外部量】输入尺寸各"1毫米"，如图2-26所示。

11.选择推拉门套和玻璃模型，复制"3"扇，整个推拉门绘制完成，如图2-27所示。

扫二维码"2.2.1"，观看客厅推拉门绘制视频。

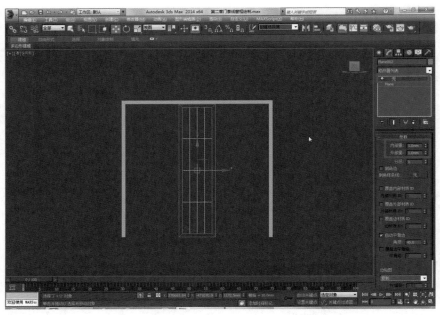

图2-26

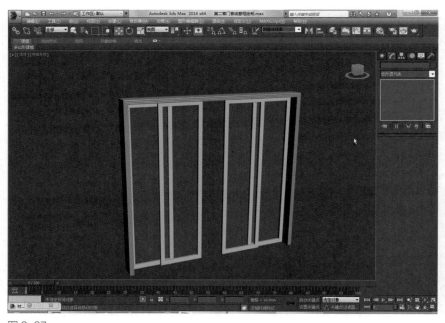

图2-27

2.2.1 客厅推拉门绘制

第三节 闸机模型的绘制

一、任务内容

本节内容为闸机模型的绘制，如图 2-28
所示。

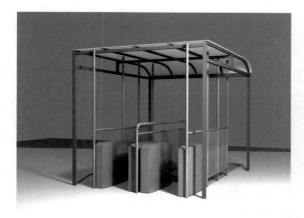

图 2-28

（一）任务目标

1. 熟悉【可编辑多边形】点的移动和边的
修改；

2. 掌握将标准几何体运用【可编辑多边形】
修改转换成其他造型物体的方法。

（二）任务要求

1. 根据闸机模型选择【可编辑多边形】建
模方法，要求建模思路清晰，顺序合理，模型
精准和稳定。

2. 针对教学要求做专项训练，不同模型选
择不同建模方法，要求严谨、认真地完成任务。

二、知识链接

多边形建模主要有两个命令:【可编辑网格】
和【可编辑多边形】，一般我们先创建一个原
始的几何体，再将这个几何体转换成【可编辑
网格】，或【可编辑多边形】，然后不断修改，
不断细分，最后得到我们想要的模型效果。【可
编辑多边形】中包含的是【顶点】、【边】、
【边界】、【多边形】和【元素】五种子物体，
通常建模就是对子物体进行修改编辑，它具有
高度的灵活性和自由度，通过【可编辑多边形】
的多种命令，可以很轻松地完成曲面和硬曲面
的模型制作，在建筑设计、影视动画、工业设
计等领域都有比较广泛的应用。直接转换为多
边形修改器，本节主体模型都采用【可编辑多
边形】建模方式完成，根据场景需要选择物体
点击鼠标右键转换为【可编辑多边形】，然后
进行各个层级修改，最后完成你所想要的模型。

三、任务实施

1. 分析模型构造，该模型是由长方体通过
【可编辑多边形】对子物体修改得到新的物体。
首先第一步绘制长 820 毫米、宽 280 毫米、高
980 毫米的长方体，转换为【可编辑多边形】，
点击【边】子物体进行【切角】修改，设置边切
角量为"4"，连接边分段为"4"如图 2-29 所示。

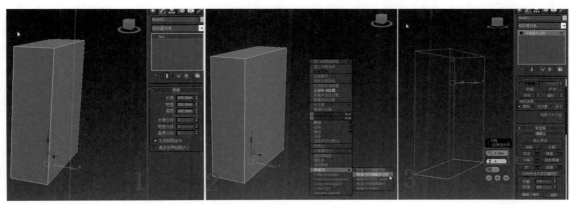

图 2-29

2. 绘制长 280 毫米、宽 280 毫米、高 980 毫米的长方体作为刷卡机，将其转换为【可编辑多边形】按【T】切换到顶视图，选择左下角子物体【顶点】，沿 X 轴移动 50 毫米，再选择右下角子物体【顶点】，沿 X 轴移动 "−50 毫米"，按【F】切换到前视图，选择右边顶点，沿 Y 轴移动 "−30 毫米"。点击子物体【边】，选择图示主轮廓边点击【切边】命令，设置边切角量为 "4"，连接边分段为 "4" 如图 2−30

所示。

3. 选择闸机主体点击【镜像】Y 轴关联复制，输入 "1100 毫米"，全选所绘制物体点击【镜像】X 轴关联复制，输入 "860 毫米"，通过镜像复制得到如图 2−31 所示。

4. 栏杆、雨棚和主要框架模型绘制在本节不需要掌握，重点学习【可编辑多边形】运用，最后绘制完成如图 2−32 所示。

扫二维码 "2.3.1"，观看闸机绘制视频。

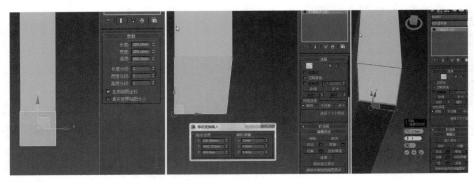

图 2-30

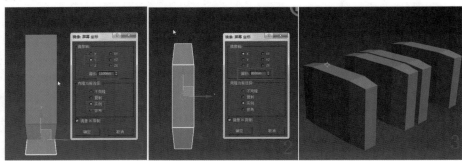

图 2-31

图 2-32

2.3.1 闸机绘制

第三章
家居客厅效果图表现

本章导读

　　现代家居装饰设计中，家居客厅效果图是设计师运用 3ds Max 软件对项目施工方案和构思进行空间立体化，在施工前绘制出房屋装修效果的图样，表现家居空间的外观和质感，3ds Max 也因效果真实成为最常用的三维效果图制作软件之一。本章以绘制客厅效果图为例，培养学生三维空间设计能力，使其能创作出更多不同风格的家居空间设计效果图。

学习目标

● 通过教学演示了解 3ds Max 家居客厅效果图的一般设计思路和方法

● 通过教学演示和操作掌握 3ds Max 绘图工具、可编辑多边形建模、V-Ray 材质、摄像机的创建、室内灯光布置、渲染出图等整个客厅效果图制作的过程

● 明确学习任务，培养学生的学习兴趣和科学研究态度，能够运用所学知识绘制客厅效果图

● 提高学生自主学习的能力，养成严谨细致的设计制作习惯

3.0.1 第三章模型包

3.0.2 第三章 CAD 施工图

图 3-1

第一节 客厅空间模型的绘制

一、任务内容

本节内容为客厅空间模型的绘制，完成效果如图 3-2 所示。

图 3-2

（一）任务目标

1. 要求了解 3ds Max 操作界面和绘图常用工具的使用，掌握二维平面图形的绘制、【可编辑多边形】建模、【编辑样条线】、【挤出】、【倒角剖面】等修改工具的使用技巧，熟练控制物体的精确移动；

2. 熟练掌握客厅主体模型、门窗、电视墙、吊顶阴角线的绘制技巧。

（二）任务要求

1. 根据客厅主体模型选择【可编辑多边形】建模方法，要求建模思路清晰，顺序合理，模型精准和稳定；

2. 针对教学要求做专项训练，不同模型选择不同建模方法，要求严谨、认真地完成任务。

二、知识链接

多边形建模主要有两个命令：【可编辑网格】和【可编辑多边形】，一般我们先创建一个原始的几何体，再将这个几何体转换成【可编辑网格】或【可编辑多边形】，经过不断修改，

不断细分，最后得到我们想要的模型效果。【可编辑多边形】中包含的是【顶点】、【边】、【边界】、【多边形】和【元素】五种子物体，通常建模就是对子物体进行修改编辑，它具有高度的灵活性和自由度，通过【可编辑多边形】的子物体修改，可以很轻松地完成曲面和硬曲面的模型制作，在建筑设计、影视动画、工业设计等领域都有比较广泛的应用。本章客厅主体模型都采用【可编辑多边形】建模方式完成，根据场景需要选择物体点击鼠标右键转换为【可编辑多边形】，进行各个层级修改，最后完成你所想要的模型。

三、任务实施

首先确定绘图单位，导入 CAD 平面图，根据导入的 CAD 平面图精确创建模型，在建模的过程中注意空间尺度，保证模型的精确性和稳定性，精准优化的室内空间模型为后期提高绘图工作效率作铺垫。

1. 确定系统单位

运用 3ds Max 创建模型时，需要设置正确的系统单位才能保证创建的模型与现实世界中的物体尺寸保持一致。3ds Max 系统单位一般有英尺、毫米、厘米、米等。在创建大型场景时，设置较大的单位可以减少场景对内存的占用，并可以加快渲染速度（如城市规划、景观设计等），而室内设计效果图一般采用较小的毫米为单位。

（1）启动程序，设置其系统单位为毫米。点击 3ds Max 主菜单中的【自定义】命令，进入【单位设置】对话框，设置 3ds Max 的单位为毫米。

（2）点击【系统单位设置】按钮，将单位设置为毫米，如图 3-3 所示。最后点击【确定】按钮，这样就完成了 3ds Max 的单位设置。

2. 导入 Auto CAD 文件

在 3ds Max 中导入已经创建好的 Auto CAD 施工图文件，可以为准确而高效创建 3ds Max 模型提供依据。

导入 Auto CAD 文件的步骤如下：

（1）扫二维码"3.0.2"下载第三章 CAD 施工图。点击 3ds Max 主菜单【文件】中的【导入】命令，在弹出的导入对话框中选择导入文件类型为 Auto CAD Drawing（*.DWG,*.DXF），然后打开"客厅平面布置图 .dwg"，如图 3–4 所示。

（2）点击打开客厅平面布置图 .dwg 文件后，在弹出的对话框中勾选【自动平滑相邻面】选项，并勾选【重缩放】，保证 CAD 施工方案单位和导入到 3D 系统的单位保持一致，其他参数保

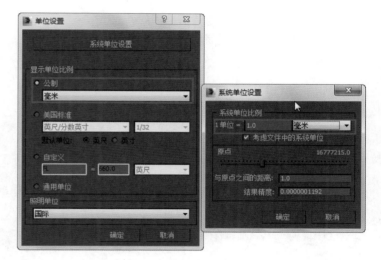

图 3-3

图 3-4

持默认即可，点击【确定】按钮完成，如图3-5所示。

（3）Auto CAD文件导入后【Ctrl+A】全选并群组，完成后在3ds Max中显示效果，如图3-6所示。

3. 建立墙体模型

（1）图层。

3ds Max的图层可以方便管理复杂模型场景中大量的元素构件，用法跟CAD的图层管理器类似，有图层命名、隐藏图层、冻结图层、修改图层颜色等功能。图层面板的各项参数如图3-7所示。

新建图层：建立新图层。建议根据建筑结构分层管理，比如墙体、天棚造型、家具等分为不同的图层，新建的图层必须有一个新的命名，在当前图层绘制的物体都会存在这个图层内。当一个图层包含多个物体的时候，图层的名称前会有【+】符号，打开【+】会显示图层包含的所有内容。

删除图层：只能删除没有任务物体的空白图层。

选择物体添加到指定图层：先选择物体，再在图层管理器面板选择需指定的图层，点击【+】按钮便可以把该图层物体移动到指定图层。

图3-5

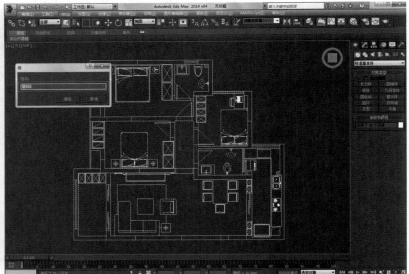

图3-6

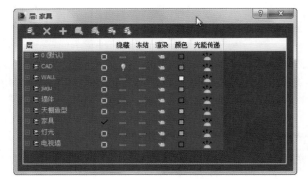

图3-7

这样方便选择已经分层管理的模型，还可以对图层进行隐藏或冻结（可用一键隐藏或冻结）。

（2）为了避免导入的 Auto CAD 图形发生错误的位移或改动，可先将它们冻结，并整理到 CAD 图层。室内客厅模型绘制的第一步就是新建墙体图层，创建客厅墙体模型，操作步骤如图 3-8 所示。

（3）在创建模型之前，需要设置捕捉工具参数。选择菜单栏【捕捉】工具，右击鼠标按钮，

弹出捕捉选项对话框，在面板中设置捕捉的节点类型，在选项面板中设置捕捉选项，如图 3-9 所示。

（4）创建墙体轮廓线。点击创建命令面板，选择二维【图形】创建面板。点击【线】按钮，按【T】切换到顶视图中，沿着导入图形的墙体内侧创建二维线，按【S】键打开捕捉功能，完成后的效果如图 3-10 所示。

图 3-8

图 3-9

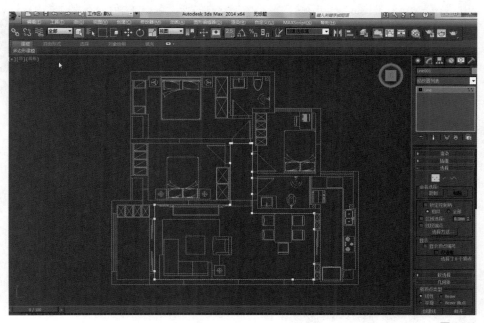

图 3-10

（5）点击【修改】图标进入修改命令面板，在修改列表中选择【挤出】命令，然后在参数卷展栏中将数量设置为"2810毫米"如图 3-11 所示，墙体模型已经被挤出，如图 3-12 所示。

（6）由于我们要表现的是室内的空间，所以反转模型的法线要使其全部向内。在修改命令面板中添加【法线】修改命令。

（7）反转物体表面法线之后，为了便于进行观察操作，可以设置模型的背面忽略显示。操作方法如下，选择墙体，点击鼠标右键，在

弹出的快捷菜单中选择【对象属性】命令，在弹出的对话框勾选【背面消隐】选项。至此，客厅的墙体模型已经基本创建完成。

4. 绘制墙体的门洞、窗洞、门套、推拉门窗

（1）按【P】切换到透视图中选择墙体，点击鼠标右键，在弹出的快捷菜单中选择子菜单中的命令，将其转换为【可编辑多边形】，如图 3-13 所示。

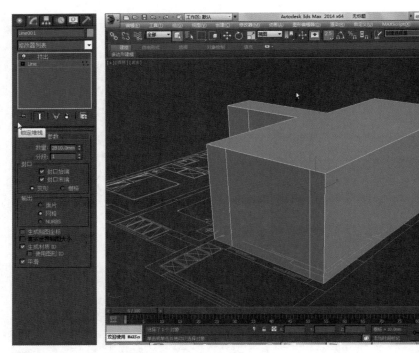

图 3-11　　　　图 3-12

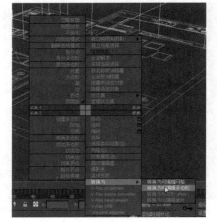

图 3-13

（2）点击【图标】进入修改命令面板，然后进入命令【可编辑多边形】子物体层级，激活【边】，选择【门洞垂直两条边】，按鼠标右键选择【连接】，输入"1"连接一条线，如图 3-14 所示。

（3）选择刚创建的水平横线，按鼠标右键，点击【移动】或者利用【W】移动物体。在 Z 轴方向输入"1000毫米"，如图 3-15 所示。

（4）进入修改命令【可编辑多边形】子物体层级，激活【多边形】修改层级，选择门洞多边形按鼠标右键在菜单中选择【挤出】，输入数值"240毫米"，如图 3-16 所示。

（5）选择墙体门洞的面。将选中的面按键盘【Delete】键删除，推拉门洞绘制完成。

（6）绘制门套线，步骤见第二章门套线模型绘制，完成效果如图 3-17 所示。

扫二维码"3.1.1"，观看客厅主体模型绘制视频。

3.1.1 客厅主体模型绘制

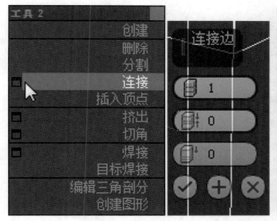

图 3-14

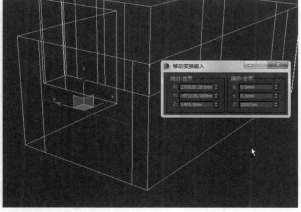

图 3-15

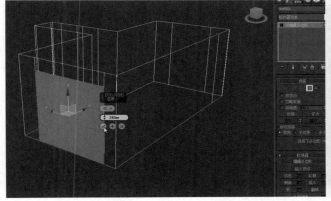

图 3-16

图 3-17

（7）绘制推拉门窗，步骤见第二章推拉门窗模型绘制，效果如图 3-18 所示。

扫二维码"3.1.2"，观看客厅推拉门导入和阳台绘制视频。

5. 绘制客厅天棚吊顶主轮廓、阴角线模型

（1）点击【图层】选择新建图层命名为【天棚造型】，导入吊顶造型 CAD 施工图，如图 3-19 所示。

（2）按【Ctrl+A】全选天棚 CAD 施工图并群组，选择创建【图形】命令【线】，去掉【√】开始新的图形，绘制吊顶主轮廓，如图 3-20 所示。

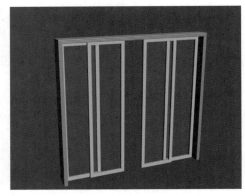

图 3-18

3.1.2 客厅推拉门
导入和阳台绘制

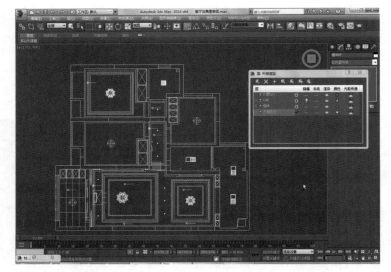

图 3-19

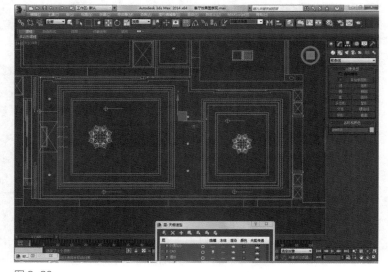

图 3-20

（3）为了方便操作，按【ALT+Q】，孤立当前选择的主轮廓，点击鼠标右键转换为【可编辑多边形】，如图 3-21 所示。

（4）选择【可编辑多边形】层级的【边界】命令，点击内轮廓并【封口】，如图 3-22 所示。

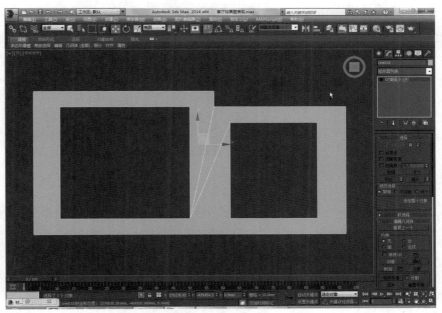

图 3-21

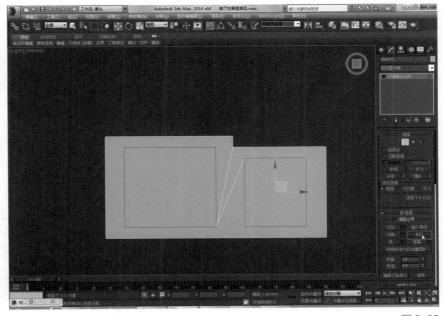

图 3-22

（5）选择【可编辑多边形】层级的【多边形】命令，点击内轮廓和【挤出】命令，输入数值"80毫米"，再次点击【挤出】命令，输入数值"240毫米"。这里表现的是吊顶存放空调风管机的出风口的高度，如图3-23所示。

（6）选择【可编辑多边形】层级的【多边形】命令，点击垂直轮廓面并选择【挤出】命令，输入数值"120毫米"，挤出多边形选择右键点击【局部法线】，如图3-24所示。

（7）吊顶结构绘制完成，如图3-25所示。

（8）点击【文件】里的导入合并阴角线剖面图，按【S】打开捕捉，绘制吊顶阴角线倒角路径，点击修改里的【倒角剖面】，选择【拾取剖面】再点击阴角线剖面图，如图3-26所示。

扫二维码"3.1.3"，观看吊顶模型绘制视频。

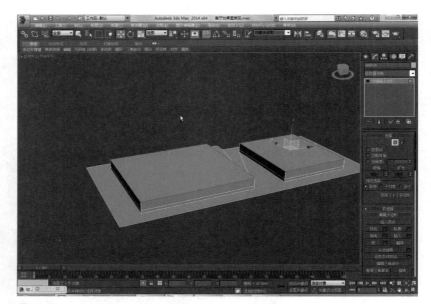

图3-23

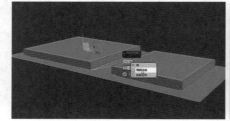

图3-24

图3-25

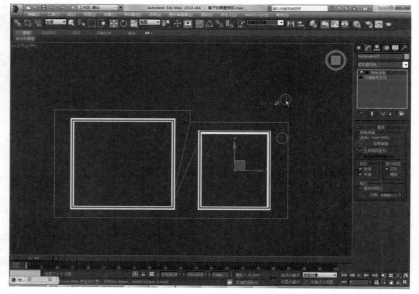

3.1.3 吊顶模型绘制

图3-26

（9）这时的阴角线大小比吊顶主轮廓大，需要选择【剖面 Gizmo】按
【E】旋转，在 Z 轴输入"–180°"，移动至吊顶轮廓位置，如图 3–27 所示。

（10）将吊顶和墙体赋予白色乳胶漆材质，后面材质部分有详细详解。
按【P】切换到透视图，旋转到客厅内部，吊顶轮廓及阴角线绘制完成，
如图 3–28 所示。

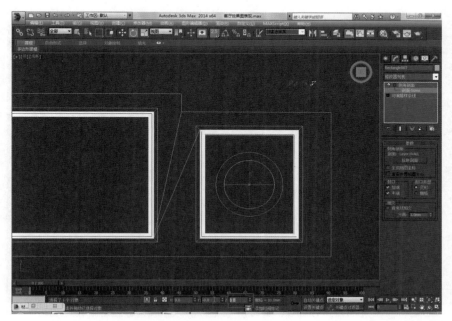

图 3-27

图 3-28

6. 绘制电视墙模型

（1）点击【图层】，选择新建图层命名为【电视墙】，按【T】切换到顶视图，导入电视墙立面 CAD 施工图，如图 3-29 所示。

（2）按【Ctrl+A】全选电视墙 CAD 施工图并群组，在顶视图沿 X 轴旋转【90 度】并与前视图对齐，如图 3-30 所示。

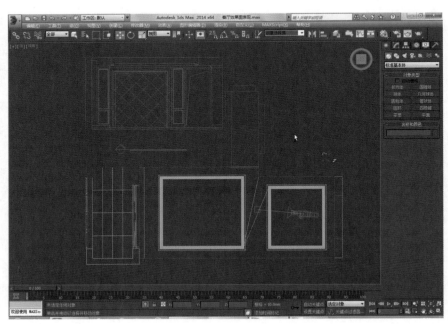

图 3-29

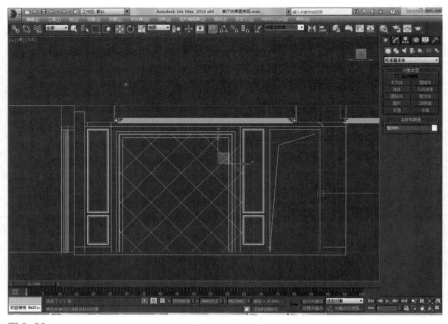

图 3-30

（3）选择创建【图形】里的【矩形】命令，去掉【√】开始新的图形，绘制电视墙左边轮廓，选择修改命令【挤出】，在参数卷展栏中将数量设为"50毫米"，如图3-31所示。

（4）选择所绘制轮廓，点击鼠标右键转换为【可编辑多边形】，旋转【多边形】删除多余的面，如图3-32所示。

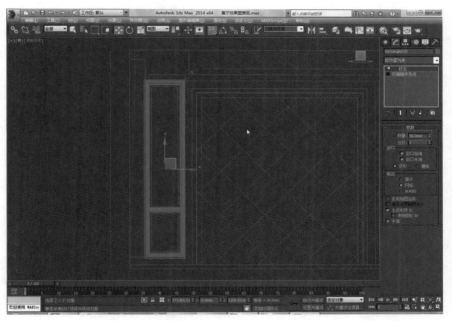

图3-31

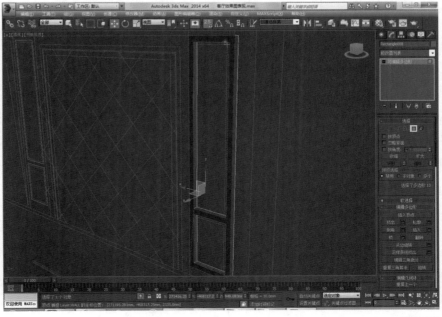

图3-32

（5）选择【可编辑多边形】旋转层级的【边界】点击【封口】，如图 3-33 所示。

（6）选择【可编辑多边形】旋转层级的【多边形】并选择【挤出】命令，数值为"15毫米"，如图 3-34 所示。

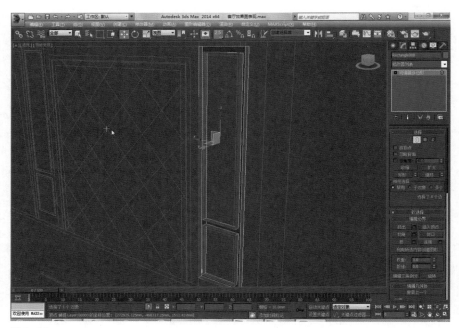

图 3-33

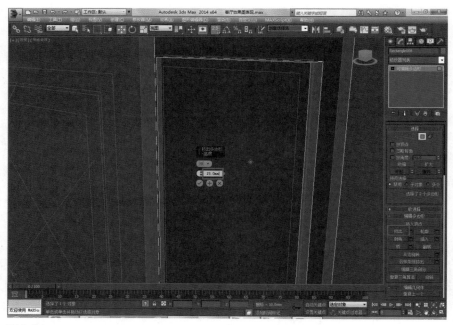

图 3-34

（7）按【F】切换到前视图，运用绘制二维【图形】里的【矩形】命令，去掉【√】开始新的图形，绘制装饰轮廓线路径，如图 3-35 所示。

（8）选择修改命令【倒角剖面】，点击【拾取剖面】移动复制并对齐，完成效果如图 3-36 所示。

扫二维码"3.1.4"，观看电视墙模型绘制视频。

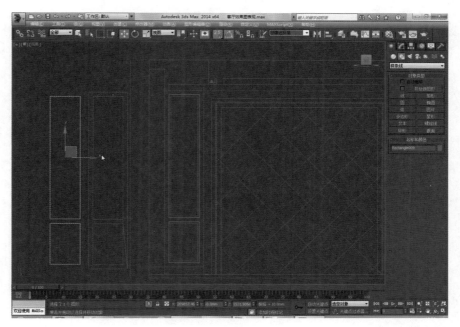

图 3-35

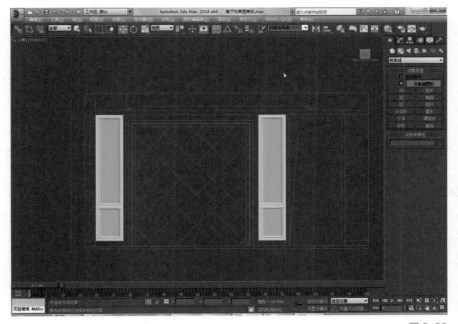

3.1.4 电视墙模型
绘制

图 3-36

（9）绘制电视墙轮廓主体，选择绘制【图形】命令里的【线】，并点击【挤出】修改，在参数卷展栏中将数量设为"50毫米"，如图3-37所示。

（10）选择绘制【图形】命令里的【线】，绘制电视墙装饰轮廓线，点击修改命令【倒角剖面】并【拾取剖面】，完成效果如图3-38所示。

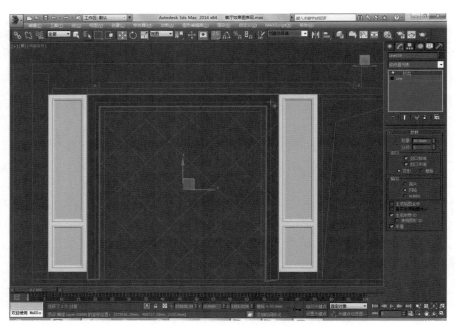

图 3-37

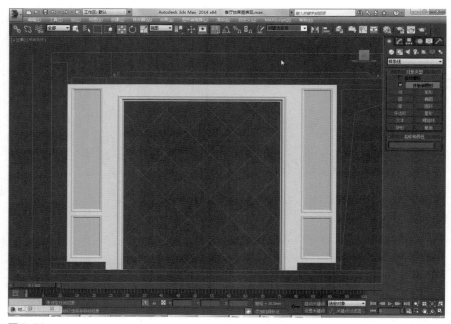

图 3-38

（11）运用【标准基本体】里面的【平面】命令绘制电视墙大理石装饰墙面，如图 3-39 所示。

（12）选择平面转换为【可编辑多边形】，点击【边】层级同时捕捉打开，选择【快速切边】绘制大理石轮廓边，并选择【挤出】命令，数值为"3毫米"，如图 3-40 所示。

扫二维码"3.1.5"，观看踢脚线和吊顶阴角线绘制视频。

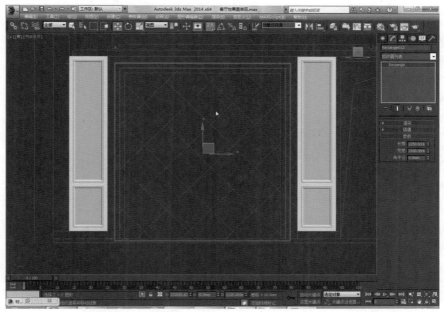

图 3-39

3.1.5 踢脚线和吊顶阴角线绘制

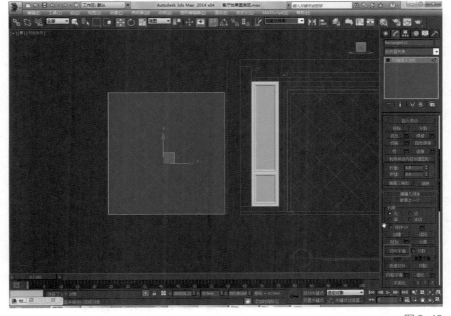

图 3-40

（13）电视墙绘制完成，效果如图 3-41 所示。

扫二维码"3.1.6"，观看过道吊顶、窗外风景模型及灯具导入绘制视频。

7. 客厅家具模型合并

（1）点击菜单栏【文件】选项，执行【合并】命令，如图 3-42 所示。

（2）在弹出的对话框中找到素材中的"客厅家具模型 .max"文件，点击打开按钮，进行文件合并。

（3）家具合并进来以后，适当调整其位置，使其布局合理，在摄像机视图下做到构图严谨，如图 3-43 所示。

扫二维码"3.1.7"，观看家具合并绘制视频。

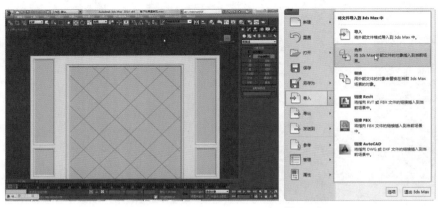

图 3-41　　　　　　　　　　　　　　　　　　图 3-42

图 3-43

3.1.6 过道吊顶、窗外风景模型及灯具导入绘制

3.1.7 家具合并

第二节 摄像机的设置

一、任务内容

本节内容为摄像机设置，摄像机设置效果如图 3-44 所示。

图 3-44

（一）任务目标

1. 掌握摄像机的创建方法，使摄像机与制作的场景达到自然和谐的状态；

2. 能够根据构图需要进行摄像机的参数设置，根据不同空间构图能够清晰描述其创建方法和基本过程。

（二）任务要求

1. 掌握摄像机的创建方法，根据构图需要调整摄像机镜头和视野参数；

2. 掌握将透视图转换为摄像机视图的方法，通过不同空间需要掌握对应摄像机布置方法，完成任务时须严谨、认真。

二、知识链接

摄像机通常是一个场景中必不可少的组成单位，最后完成的静态、动态平衡图像都要在摄像机视图中表现。3ds Max 中的摄像机拥有超过现实中摄像机的功能，能够在更换镜头的瞬间完成任务，随时可以拍摄出你所需要的场景空间。V-Ray 渲染器自带的摄像机有多种类型，

如图 3-45 所示。

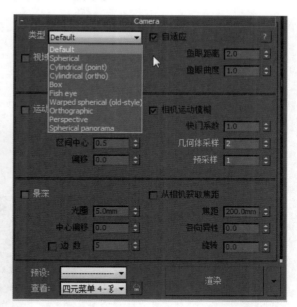

图 3-45

【Spherical】：这是一种球面摄像机，它的摄像机镜头是球面的。

【Cylindrical（point）】：这种类型的摄像机所看到的光影都是从一个共同点（即圆柱体的中心）发出的。（注意：在垂直方向上，该摄像机起到球面摄像机的作用。）

【Cylindrical（ortho）】：这类摄像机所看到的所有光影都是平行发射的。（注意：在垂直方向上该摄像机看到的相当于正视图，而在水平方向上该摄像机起到球面摄像机的作用。）

【Box】：这种摄像机只是简单地把 6 台标准摄像机放置在一个立方体的六个面上。这种摄像机对于生成一种立方体环境贴图和生成全局照明非常有用。只需使用这种摄像机生成一种光照贴图并将其保存为文件，你就可以再次使用它，此时标准摄像机可以放置在场景中的任何方位上。

【Fish eye】：这种特殊类型的摄像机在捕捉场景时，就像一台针孔摄像机对准一个完全反射的球体，该球体能够将场景完全反射到摄像机的镜头中。你可以使用镜头 / 视野设置来

控制该球体的哪部分能够被摄像机捕获。

三、任务实施

在效果图绘制过程中，摄像机可以为我们设定一个固定的且符合设计师想法的画面构图。呈现在我们眼前的客厅的装修风格、布置、摆设乃至地板瓷砖的细节都可以通过摄像机以场景的形式呈现出来，所有的空间表现都靠目标摄像机来完成。摄像机的创建一般在顶视图创建后，在左视图或前视图中调节摄像机的上下前后位置，最后在摄像机视图进行微调，镜头的数值越大，视野范围就越小；镜头的数值越小，视野就越大，观察的场景范围就变大。

1. 按【T】切换到顶视图，创建一架【目标】摄像机，如图 3-46 所示。

2. 在前视图中将摄像机沿 Y 轴向上移动1500 毫米，到离地面 1.5 米的高度。

3. 在修改面板中将摄像机的【镜头】数值调整为"22 毫米"，如图 3-47 所示。

扫二维码"3.2.1"，观看摄像机的设置视频。

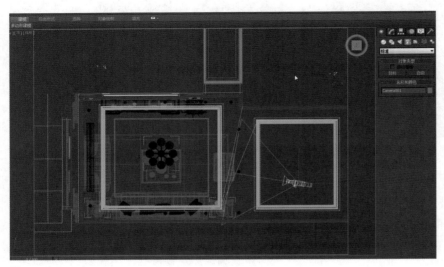

图 3-46

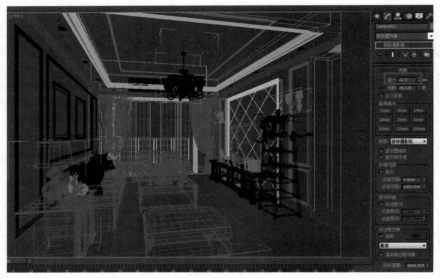

图 3-47

3.2.1 摄像机的设置

第三节　赋予材质及渲染基础设置

一、任务内容

本节任务的内容是掌握室内场景中一些物体常见材质的设置方法，如乳胶漆、地砖、玻璃、不锈钢、透明纱帘、大理石石材等。

（一）任务目标

根据客厅空间物体属性，能够快速调整各项材质参数，学会运用 3ds Max 材质中的各种贴图功能来达到所需场景要求，正确理解材质的物理属性，调整漫反射、反射、折射的各项参数。

（二）任务要求

1. 在使用 V-Ray 材质之前，设置调整 V-Ray 渲染器，掌握 VRayMtl 材质的调整方法，根据环境要求选择恰当的材质，设置思路清晰，顺序合理；

2. 掌握客厅效果图的基础渲染方法，针对教学要求做专项训练，要求完成任务时必须严谨、认真。

二、知识链接

V-Ray 材质是 V-Ray 渲染器提供的一种特殊的材质——VRayMtl（V-Ray 专业材质），在场景中使用该材料能够获得更加准确的物理照明和更快的渲染速度，反射和折射参数调节也更方便。使用 VRayMtl 材质，你可以应用不同的纹理贴图，控制其反射和折射，增加凹凸贴图和置换贴图，直接进行全局照明计算，选择用于该材质的 BRDF 属性。V-Ray 材质的参数包括以下部分：

（一）基础选项

基础选项参数如图 3-48 所示。

【漫反射】：材质的漫射颜色可以理解为物体本身所呈现的颜色，可以在贴图栏中，使用一种贴图来覆盖它。

【反射】：用来控制材质的反射强度，颜色为黑色说明物体不具备反射属性，颜色越白或者越亮说明反射越强。可以在贴图卷展栏中的反射贴图中使用一种贴图来覆盖它。

图 3-48

【反射光泽度】：该值表示该材质的光泽度。当该值为"0.0"时表示特别模糊的反射。当该值为"1.0"时将关闭材质的光泽（V-Ray 将产生一种特别尖锐的反射）。（注意：提高光泽度将增加渲染时间。）

【细分】：控制发射的光线数量来估计光滑面的反射。该材质的光泽度值为"1.0"时，本选项无效（V-Ray 不会发出任何用于估计光滑度的光线）。

【菲涅耳反射】：当该选项被选中时，光线的反射就像真实世界的玻璃反射一样。这意味着当光线和表面法线的夹角接近"0°"时，反射光线将减少至消失（当光线与表面有一定夹角时，反射光线是可见的，当光线垂直于表面时就没有反射）。

【折射】：折射在这里可以理解为控制物体的透明度，当为白色的时候说明物体全透明。可以在贴图栏选项中使用一种贴图来覆盖它。

【折射光泽度】：该值表示该材质折射的光泽度。该值为"0.0"时表示特别模糊的折射。当该值为"1.0"时将关闭材质的光泽（V-Ray 将产生一种特别尖锐的折射）。（注意：提高光泽度将增加渲染时间。）

【折射率】：该值决定材料的折射率；假如选择了合适的值，可以制造出类似于水、钻石、玻璃的折射效果。

【最大深度】：贴图的最大光线发射深度，大于该值时贴图将反射为黑色。

（二）BRDF 双向反射分布功能

最常用的表现一个物体表面反射特性的方法是使用双向反射分布功能，一个用于定义物体表面的光谱和空间反射特性的功能。V-Ray 支持下列类型的 BRDF：Phong,Blinn,Ward。

【跟踪反射】：打开或关闭反射。

【跟踪折射】：打开或关闭折射。

【光照贴图】：当使用光照贴图来进行全局照明时，会对赋予了该材质的物体使用强制性全局照明。只需要关闭该选项就可以达到目的，否则对于赋予了该材质的物体的全局照明将使用光照贴图（注意：只有全局照明打开并设置成使用光照贴图时该选项才起作用）。

当材质的反射和折射功能打开时，V-Ray 使用一些光线来追踪物体的表面光泽度而使用另外一些光线来计算漫射颜色。打开该选项时，将强制 V-Ray 对材质的光泽度和漫射总共只追踪一束光线。在这种情况下，V-Ray 将会进行一些估计并且选择一部分光线来追踪漫射而其余部分来追踪光泽度。

【双面】：该选项指明 V-Ray 是否假定几何体的面都是双面。

在 V-Ray 材质的贴图中，你可以设定不同的纹理贴图。可以采用的纹理贴图为：漫反射、反射、折射、凹凸等。对于每个纹理贴图都有一个倍增器、一个选择框和一个按钮。倍增器控制贴图强度；选择框用于打开或关闭纹理贴图；按钮用于选择纹理贴图种类。

【漫反射】：用于控制材质纹理贴图的漫射颜色。如果仅需一种简单的颜色，不要选择该项，而是在基础参数中调节漫射。

【反射】：用于控制材质纹理贴图的反射颜色。如果仅需一种简单的颜色，不要选择该项，而是在基础参数中调节反射。

【折射】：用于控制材质纹理贴图的折射颜色。如果仅需一种简单的颜色，不要选择该项，而是在基础参数中调节折射。

三、任务实施

1. 在进行材质设置之前，首先将默认的 3D 扫描线渲染器改为 V-Ray 渲染器。V-Ray 渲染器的设置方法：按【F10】键打开渲染对话框，进入【自定义】面板中的【指定渲染器】卷展栏；

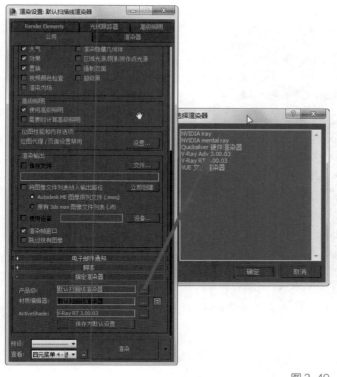

图 3-49

点击【产品级】右侧按钮，在弹出的对话框中选择【V-Ray Adv.3.00.03】渲染器，如图 3-49 所示。

2. 当设置完成后，在渲染对话框面板将出现 V-Ray 渲染器，如图 3-50 所示。

3. 同时在材质编辑器里的 Material/Map Browser（材质 / 贴图浏览器）中也会出现 V-Ray 自带的材质和贴图。加载完 V-Ray 渲染器之后，下面开始对模型的材质进行设置，如图 3-51 所示。

扫二维码"3.3.1"，观看赋予材质及渲染基础设置视频。

3.3.1 赋予材质
及渲染基础设置

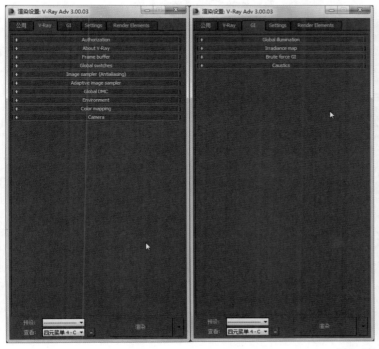

图 3-50

图 3-51

4.白色乳胶漆材质设置方法。首先按【M】键打开材质编辑器，在材质球实例窗选择一个未使用的材质球，点击材质面板中的【标准】材质按钮，在弹出的对话框中选择材质的类型为【VRayMtl】，然后设置【漫反射】为墙体乳胶漆的白色即可。点击材质编辑器中的【将材质指定给选定对象】按钮，将其指定给场景中墙体模型，如图3-52所示。

5.地砖材质的设置。首先按【M】键打开材质编辑器，在材质球实例窗选择一个未使用的材质球，点击材质面板中的【标准】按钮，在弹出的对话框中选择材质的类型为【VRayMtl】，找到【漫反射】通道的贴图，设置反射颜色，反射模糊度参数如图3-53所示。

图 3-52

图 3-53

6. 茶几桌面实木材质的设置。实木材质的设置方法和石材的设置方法基本一致，找到【漫反射】通道的贴图，设置反射【衰减】，反射模糊度参数的设置如图 3-54 所示。

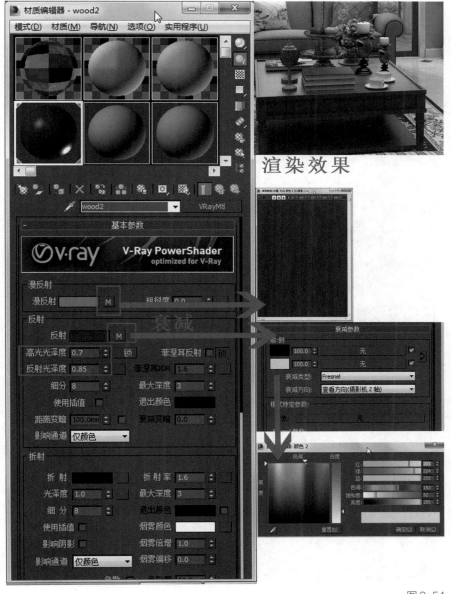

渲染效果

图3-54

7. 电视墙大理石材质设置。按【M】键打开材质编辑器，在材质球实例窗选择一个未使用的材质球，点击材质面板中的【标准】按钮，在弹出的对话框选择材质的类型为【VRayMtl】，设置其【漫反射】通道贴图和【反射】参数，如图 3-55 所示。

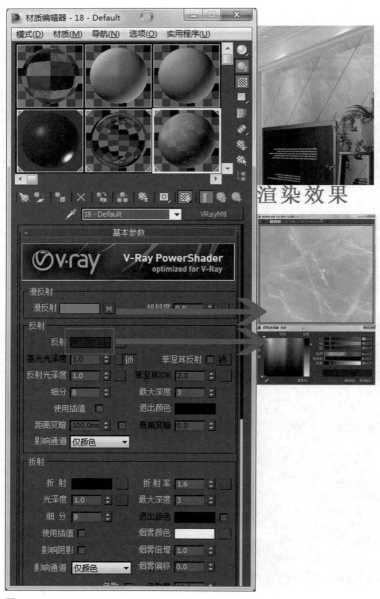

图 3-55

8.不锈钢材质的设置。按【M】键打开材质编辑器，在材质球实例窗选择一个未使用的材质球，点击材质面板中的【标准】按钮，在弹出的对话框中选择材质的类型为【VRayMtl】，设置其【漫反射】和【反射】参数，如图3-56所示。

图3-56

9. 台灯布艺灯罩材质的设置。按【M】键打开材质编辑器，在材质球实例窗选择一个未使用的材质球，点击材质面板中的【标准】按钮，在弹出的对话框中选择材质的类型为【VRayMtl】，设置其【漫反射】贴图、【反射】、【折射】参数，如图 3-57 所示。

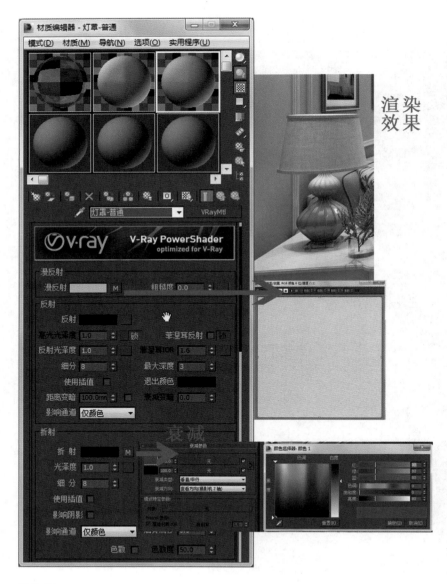

渲染效果

图 3-57

10. 玻璃吊灯材质的设置。按【M】键打开材质编辑器，在材质球实例窗选择一个未使用的材质球，点击材质面板中的【标准】按钮，在弹出的对话框中选择材质的类型为【VRayMtl】，设置其【漫反射】颜色、【反射】、【折射】参数，如图 3-58 所示。

图 3-58

11. 窗纱帘材质的设置。按【M】键打开材质编辑器，在材质球实例窗选择一个未使用的材质球，点击材质面板中的【标准】按钮，在弹出的对话框中选择材质的类型为【VRayMtl】，设置其【漫反射】贴图、【反射】、【折射】参数，如图 3-59 所示。

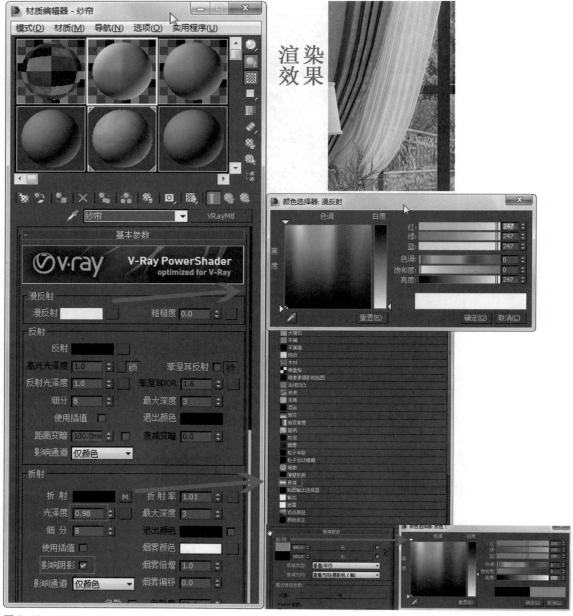

图 3-59

12. 窗外风景采用灯光材质【VRayLightMtl】来表现。按【M】键打开材质编辑器，在材质球实例窗选择一个未使用的材质球，点击材质面板中的【标准】按钮，在弹出的对话框中选择材质的类型为【VRayLightMtl】，设置参数如图 3-60 所示。

图 3-60

一、任务内容

本节任务的内容为各类灯光设置，效果如图 3-61 所示。

（一）任务目标

掌握室内家居客厅灯光的设置方法；根据自然界中的光影关系，完成由阳光产生的自然反射、投影和光能传递的设置效果；理解渲染面板各参数的设置原理。

（二）任务要求

1. 正确设置【VRayLight】面光源颜色、倍增器、长宽各项参数，并符合客厅空间场景氛围需要；

2. 正确处理阳光、氛围光、体积光之间的关系，掌握阳光照射下的客厅效果图表现方法。

二、知识链接

1.V-Ray 阴影参数设置，如图 3-62 所示。

V-Ray 支持面阴影，在使用 V-Ray 透明折射贴图时，【V-Ray 阴影】是必须使用的。同时用 V-Ray 阴影产生的模糊阴影的计算速度要比其他类型的阴影速度快。

【区域阴影】：打开或关闭区域阴影。

长方体：V-Ray 计算阴影时，假定光线是由一个立方体发出的。

球体：V-Ray 计算阴影时，假定光线是由一个球体发出的。

【U 向尺寸】：当计算面阴影时，光源的 U 向尺寸（如果光源是球体的话，该尺寸等于该球体的半径）。

【V 向尺寸】：当计算面阴影时，光源的 V 向尺寸（如果选择球体光源的话，该选项无效）。

【W 向尺寸】：当计算面阴影时，光源的 W 向尺寸（如果选择球体光源的话，该选项无效）。

三、任务实施

在客厅场景中布置灯光时，要有一个布置灯光的清晰的工作思路，一般采用逐步增加灯光的方法来完成整个场景布置。通常在场景中布光时，从无灯光开始，首先考虑天光，该场景

图 3-61

图 3-62

采用【VRayLight】面光源来模拟，然后逐步增加灯光。每次增加一盏灯，这样能够让我们清楚地了解每一盏灯对场景的作用，并能够避免因场景中有多余的灯光导致产生不需要的效果和增加渲染时间。灯光设置完毕后需要简单渲染来测试灯光照射效果，渲染时应该先设置一个较低的渲染参数，这样做的目的是提高渲染速度，测试场景灯光是否存在问题。在测试场景灯光效果没有问题后，根据所需图像的质量进行较高渲染参数的设置，最后渲染出图。

（一）渲染基础设置

1. 按【F10】键打开渲染对话框，进入【自定义】面板中的【指定渲染器】卷展栏。点击【产品级】右侧按钮，在弹出的对话框中选择【V-Ray Adv.3.00.03】渲染器，如图 3-63 所示。

图 3-63

2. 在【Global switches】全局开关卷展栏中，选择【专家】模式，去掉默认勾选的【置换】、【随机计算光源数量】、【GI 过滤贴图】三项，关闭隐藏光源，如图 3-64 所示的。

3. 在【图像采样器（抗锯齿）】和【Color mapping】颜色映射卷展栏中，选择【Exponential】指数模式，进行如图 3-65 所示的设置。

图 3-64

图 3-65

4. 在间接照明【GI】卷展栏中，勾选【开启全局照明】，选择【Irradiance map】发光贴图和【Light cache】灯光缓存，进行如图 3-66 所示的设置。

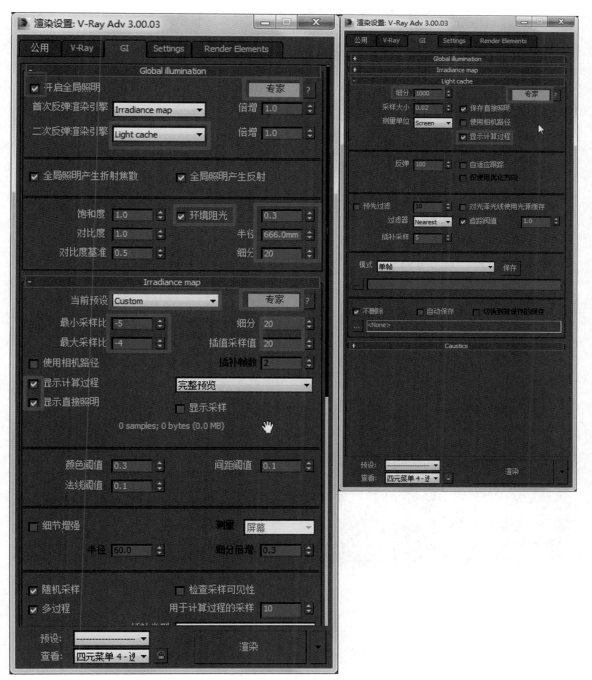

图 3-66

5. 在【Settings】设置卷展栏中，进行如图 3-67 所示的设置。

6. 最后在【公用】卷展栏中设置渲染图像尺寸，让渲染视图保持在摄像机视图，点击【渲染】或按【Shift+Q】执行渲染操作，按如图 3-68 所示进行设置。

图 3-67

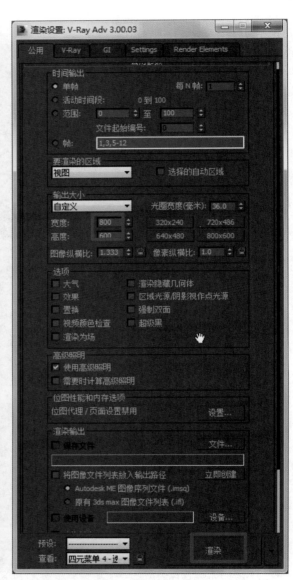

图 3-68

3.4.1 平行灯光和
VRayLight 面光源
详解

（二）任务实施

1. 创建目标平行光。点击【创建】图标进入创建命令面板，进入【灯光】创建面板，选择【标准】灯光类型。点击对象类型卷展栏中的【目标平行光】按钮，按【F】切换到前视图中沿着窗户左上方创建平行光，并如图 3-69 所示设置灯光的阴影、颜色、面积大小。

扫二维码"3.4.1"，观看平行灯光和 VRayLight 面光源详解视频。

渲染测试

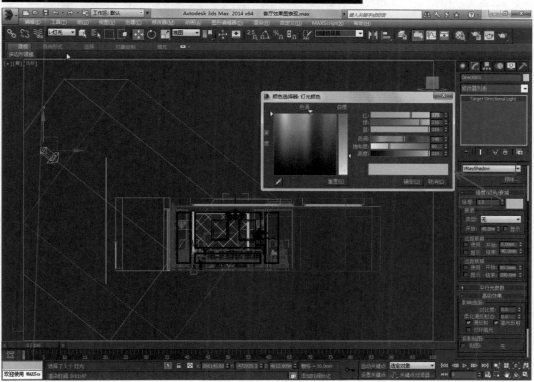

图 3-69

2. 上图整个空间灯光效果比较暗，需要创建【VRayLight】面光源来增加空间亮度。点击【创建】图标进入创建命令面板，然后点击【灯光】图标，进入灯光创建面板，选择【VRay】灯光类型。点击对象类型中的【VRayLight】面光源按钮，按【L】切换到左视图中沿着窗户的大小创建【VRayLight】面光源，并设置灯光的强度、颜色参数，并勾选"投射阴影""不可见""影响漫反射""影响高光"等选项，再执行关联复制"4"盏灯的操作。灯光的位置及渲染效果如图 3-70 所示。

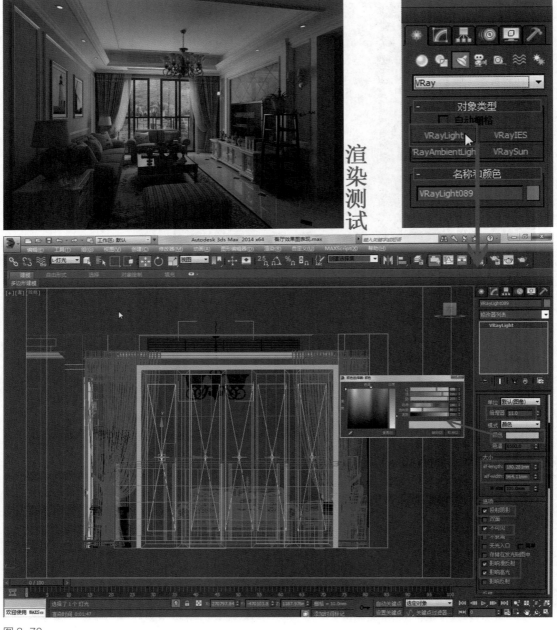

图 3-70

3.4.2 吊顶灯带
氛围光的创建

3. 创建天棚吊顶灯带效果，需要创建【VRayLight】面光源来营造室内空间氛围。点击【创建】图标进入创建命令面板，然后点击【灯光】图标，进入灯光创建面板，选择【VRay】灯光类型。点击对象类型卷展栏中的【VRayLight】按钮，在顶视图中沿着吊顶灯带位置创建【VRayLight】，并设置灯光的强度、颜色参数，并勾选"投射阴影""不可见""影响漫反射""影响高光"等选项，再执行关联复制操作，放在每个灯带的位置，如图 3-71 所示。

扫二维码"3.4.2"，观看吊顶灯带氛围光的创建视频。

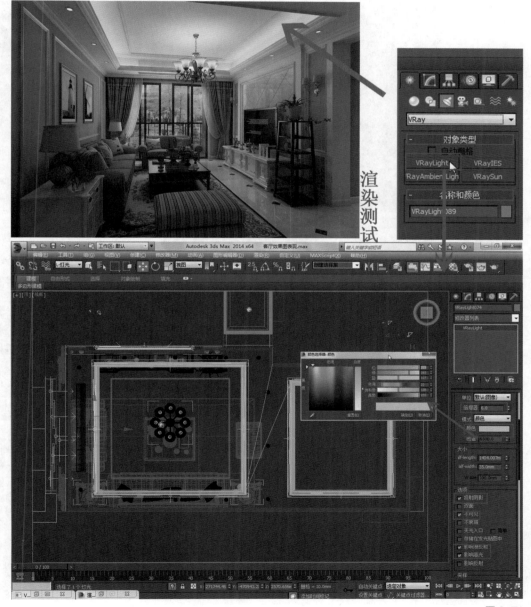

图 3-71

4.前面完成了自然光、吊顶氛围光的创建，下面来完成客厅空间壁灯照射效果创建，需要创建【VRayLight】面光源里面的【球体】来营造壁灯灯光效果。点击【灯光】图标，进入灯光创建面板，选择【VRay】灯光类型。点击对象类型卷展栏中的【VRayLight】按钮，选择【球体】，在顶视图中沿着壁灯位置创建【VRayLight】面光源，按【L】切换到左视图将灯光移至壁灯灯罩内，并设置灯光的强度、颜色参数，并勾选"投射阴影""不可见""影响漫反射""影响高光"等选项，再执行关联复制操作，放在每个具有壁灯的位置。水晶吊灯、沙发旁台灯氛围光的营造均按该方法创建，这里就不再赘述，操作如图 3-72 所示。

图 3-72

5.最后完成射灯灯光布置工作，通常选择【VRay】灯光类型里面的【VRayIES】来模拟射灯的照射效果。点击【创建】图标进入创建命令面板，然后点击【灯光】图标，进入灯光创建面板，选择【VRay】灯光类型。点击对象类型卷展栏中的【VRayIES】按钮，按【F】切换到前视图中沿着射灯位置创建，选择【IES File】点击"28"光域网文件，按【T】切换到顶视图将灯光移至放有射灯的位置，注意射灯的位置不能超过吊顶面板，并设置灯光的强度、颜色参数，再执行关联复制操作，放在每个具有射灯的位置，操作如图3-73所示。至此，本场景的灯光设置完毕。

扫二维码"3.4.3"，观看体积光的布置视频。

渲染测试

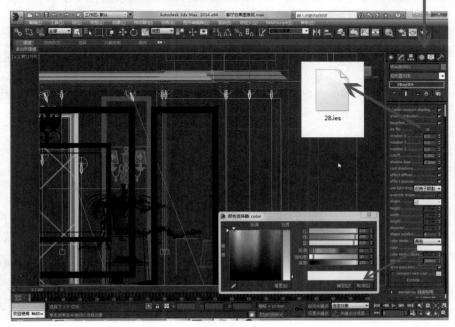

3.4.3 体积光的布置

图3-73

第五节 渲染出图

一、任务内容

本节学习内容为渲染出图，效果如图 3-74 所示。

（一）任务目标

1. 掌握家居客厅空间的渲染方法，理解渲染面板各参数的设置原理；

2. 掌握 V-Ray 渲染器灯光缓存与发光贴图的参数设置方法，并将渲染图片保存为【Targa】格式。

（二）任务要求

1. 学习 V-Ray 渲染器的切换，要求思路清晰，参数正确，顺序合理；

2. 针对渲染要求做专项教学训练，要求完成任务过程中做到严谨、认真。

二、知识链接

渲染在电脑绘图中是指用软件从模型生成图像的过程。在效果图绘制过程中，渲染是最后一项重要步骤，通过它将模型与动画最终转换为图片。本案例教学采用的是 V-Ray 全局光渲染，无论是动态的画面还是静态的画面，其真实性和可操作性都可以帮助用户完成犹如照片的渲染图像，它极快的渲染速度和较高的渲染品质吸引了全世界很多客户。

三、任务实施

1. 最终渲染出图必须在测试灯光效果比较满意的情况下，在渲染面板前期设置基础上对【图像采样器】、【发光贴图】和【灯光缓存】进行修改并加大参数值。图像采样器的概念是指采样和过滤的一种算法，并产生最终的像素数组来完成图形的渲染。在【图像采样器（抗锯齿）】和【Global DMC】图像采样器的卷展栏中设置如图 3-75 所示。

扫二维码"3.5.1"，观看渲染出图视频。

图 3-74

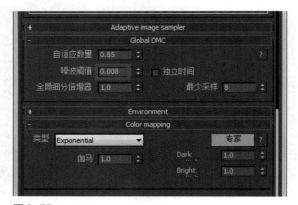

图 3-75

3.5.1 渲染出图

2. 在间接照明【GI】标签中设置，间接照明勾选【开启全局照明】，选择【Irradiance map】发光贴图。这个方法基于发光缓存技术，其基本思路是仅计算场景中某些特定点的间接照明，然后对剩余点进行插值计算。【Light cache】灯光缓存贴图是一种近似于场景中全局光照明技术，与光子贴图类似，但是与光子贴图相比局限性更小。灯光缓存贴图是建立在追踪从摄像机可见的许许多多的光线路径的基础上，每一次沿路径的光线反弹都会储存照明信息，灯光贴图是一种通用的全局光解决方案，广泛运用在室内和室外场景的渲染方面。设置参数如图 3-76 所示。

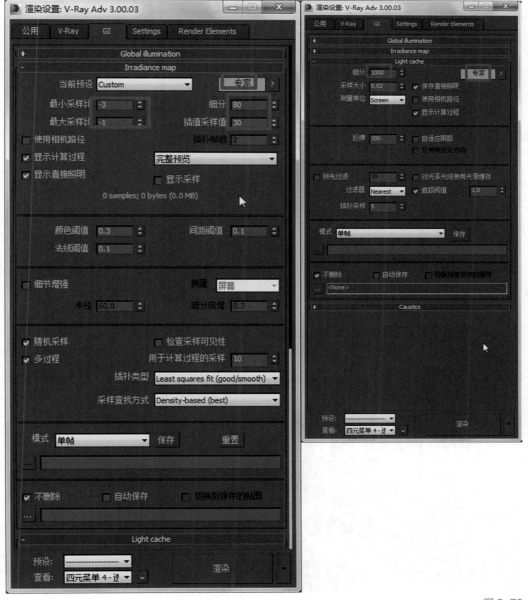

图 3-76

067

3. 在【公用】标签中设置渲染图像尺寸宽度为"4500"、高度为"3375"，让渲染视图保持在摄像机视图，设置自动保存路径，保存类型为【Targa】图像文件，点击【渲染】或按【Shift+Q】执行渲染，进行如图 3-77 所示的设置。

4. 最终渲染效果如图 3-78 所示。

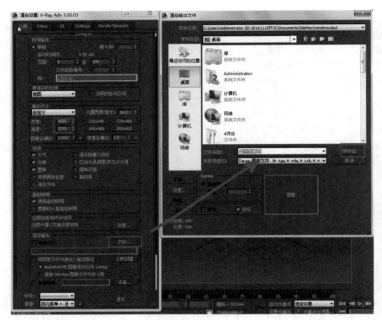

图 3-77

图 3-78

第六节 Photoshop 后期处理

一、任务内容

最后的任务是进行后期图片处理，完成效果如图 3-79 所示。

（一）任务目标

1. 通过使用 Photoshop 软件对渲染效果图进行后期处理，掌握后期图片修复处理的方法，理解后期处理的重要意义；

2. 掌握有针对性地解决渲染图片所存在的不同问题的方法。

（二）任务要求

1. 熟练掌握 Photoshop 的工具的使用方法；

2. 掌握 Photoshop 图层原理；

3. 掌握 Photoshop 调整命令组的原理。

二、知识链接

Photoshop 常用的图像格式：

（一）TIFF 格式

TIFF 是一种比较灵活的图像格式，文件扩展名为 tif 或 tiff。该格式支持 256 色、24 位真彩色、32 位色、48 位色等多种色彩位，同时支持 RGB、CMYK 以及 YCBCR 等多种色彩模式，支持多平台操作等。TIFF 文件可以是不压缩的，如果文件体积比较大，也可以是压缩的，支持 RAW、RLE、LZW、JPEG 等多种压缩方式，同 EPS、BMP 格式相比，其图像信息更紧凑。

（二）BMP 格式

BMP（Bitmap-File）图形文件是 Windows 采用的图形文件格式，在 Windows 环境下运行的所有处理软件都支持 BMP 图像文件格式。Windows 系统内部各图像绘制操作都是以 BMP

图 3-79

069

为基础的。该格式支持 1–24 位颜色深度，使用的颜色格式为 RGB、索引颜色、灰度和位图等，与设备无关。BMP 图形文件默认的文件扩展名是 BMP（有时它也会以 .DIB 或 .RLE 作扩展名）。

（三）GIF 格式

该格式是由 Compuserve 提供的一种图像格式。由于 GIF 格式可以使用 LZW 压缩方式进行压缩，因此被广泛用于通讯领域和 Internet、HTML 网页文档中。不过，该格式仅支持 8 位图像文件。

（四）JPEG 格式

JPEG 是最常用的一种图像格式，JPEG 文件的扩展名为 jpg 或 jpeg，其压缩技术十分先进，它用有损压缩方式去除多余的图像和彩色数据，在保证极高的压缩率的同时能展现十分丰富生动的图像。换句话说，就是可以用最少的磁盘空间保证较好的图形质量。同时 JPEG 还是一种很灵活的格式，具有调节图像质量的功能，允许你用不同的压缩比例对这种文件压缩。

JPEG 格式支持 RGB、CMYK 和灰度颜色模式，但不支持 Alpha 通道。该格式主要用于图像预览和制作网页。

（五）PSD 格式

PSD 格式是著名的 Adobe 公司的图像处理软件 Photoshop 的专用格式。这种格式可以存储 Photoshop 中所拥有的图层、通道、参考线、注解和颜色模式等信息。在保存图像时，若图像中包含有层，则一般都用 Photoshop（PSD）格式保存。PSD 格式在保存时会将文件压缩，以减少占用磁盘空间，但 PSD 格式包含图像数据信息较多（如图层、通道、色彩肌理、参考线），因此比其他格式的图像文件还是要大很多。由于 PSD 文件保留所有图形原始数据信息，因而修改起来较为方便。但大多数排版软件不支持 PSD 格式的文件。

（六）PDF 格式

PDF 格式是由 Adobe Systems 在 1993 年用于文件交换所发展出的文件格式。它的优点在于跨平台、能保留文件原有格式（Layout）、能免版税自由开发 PDF 相容软件。PDF 是一个开放标准，2007 年 12 月成为 ISO32000 国际标准。PDF 格式可以保存多页信息，其中可以包含图形和文本。该格式支持 RGB、CMYK 和灰度颜色模式，但不支持 Alpha 通道。

三、任务实施

1. 使用 Photoshop CS5 软件打开前面渲染好的效果图，在图层里面复制一个新的图层，如图 3–80 所示。

2. 运行菜单命令【图像】，点击【调整】里的【曲线】，然后点击对话框上的【自动】按钮，如图 3–81 所示。

3. 再次运行菜单命令【图像】，点击【调整】里的【曲线】，对话框中曲线调整如图 3–82 所示。

图 3-80

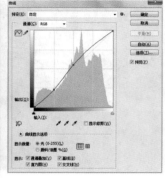

图 3-81　　　　图 3-82

4. 为"背景副本图层 2"添加一个蒙版，如图 3-83 所示，并填充黑色，对比效果如图 3-84 所示。

图 3-83

图 3-84

5. 在工具栏选择【画笔】工具，设置合适的画笔大小。设置前景色为白色，保持在蒙版图层，在需要提亮的地方进行描绘，为了更好表现室外晴天的感觉，主要针对室外自然风景进行描绘。

6. 选择最新图层并按【Ctrl+Shift+Alt+E】，新建一个快照图层执行菜单命令【滤镜】里的【模糊】命令，选择【高斯模糊】，并选择【柔光】模式，不透明度设置为"40%"，参数设置如图 3-85 所示。

7. 再次选择最新图层并按【Ctrl+Shift+Alt+E】，新建一个快照图层执行菜单命令【滤镜】里的【锐化】命令，选择【USM 锐化】，参数设置如图 3-86 所示。

8. 后期处理完成，前后对比效果如图 3-87 所示。

扫二维码 "3.6.1"，观看 Photoshop 后期处理视频。

3.6.1 Photoshop
后期处理

图 3-85

图 3-86

图 3-87

第四章
高层建筑效果图表现

本章导读

　　本章主要通过实例详解如何运用 3ds Max 表现高层建筑物效果图。它由建模、材质、灯光、渲染、后期处理等几个具有代表性的工作任务组成，以培养学生的三维空间设计能力，有助于学生快速掌握高层建筑效果图绘制方法和一般工作流程，为其以后建筑效果图的绘制打下基础。

学习目标

- 通过任务演示了解 3ds Max 高层建筑效果图的一般设计思路和绘制方法
- 通过任务演示和操作掌握 3ds Max 高层建筑效果图绘制所用的绘图工具、可编辑多边形建筑主体建模、VRayMtl 材质编辑、摄像机的创建、户外灯光布置、渲染出图等整个高层建筑效果图创作的过程
- 明确学习任务，培养学生的学习兴趣和科学研究态度
- 提高学生自主学习的能力，养成严谨细致的设计制作习惯

4.0 .1 第四章 CAD
施工图

4.0.2 第四章模型包

图 4-1

第一节 高层建筑主体模型的绘制

一、任务内容

本节内容为高层建筑主体模型的绘制，完成效果如图4-2所示。

（一）任务目标

1. 要求了解 3ds Max 操作界面和常用工具的使用，掌握不同二维对象的创建方法、【编辑样条线】的使用技巧、【可编辑多边形】建模的基本原理、二维图形生成三维物体的方法；

2. 培养分析能力，面对创建模型要清晰地描述创建方法和基本思路，完成建筑主体、阳台、门窗、百叶窗、女儿墙等基础模型的绘制。

（二）任务要求

1. 根据建筑主体模型选择【可编辑多边形】建模方法，要求建模思路清晰，顺序合理，模型精准和稳定；

2. 针对教学要求做专项训练，不同模型选择不同建模方法，要求严谨、认真地完成任务。

二、任务实施

确定绘图单位，导入 CAD 平面图，根据导入的 CAD 平面图精确创建模型，在建模的过程中注意空间尺度，完成室外空间模型的创建后赋予材质。把握物体质感和空间尺寸，在整个制作过程中要反复测试渲染，为后面的工作效率提高作铺垫。

1. 确定系统单位

运用 3ds Max 创建模型时，设置正确的系统单位才能保证创建的模型与现实世界中的物体尺寸保持一致。3ds Max 系统单位设置一般有英尺、厘米、毫米、米等。在创建大型场景时，设置较大单位可以减少场景对内存的占用，并加快渲染速度（如城市规划、景观设计等）。而室内设计和高层建筑模型绘制一般采用较小的毫米为单位。

本例中 3ds Max 系统单位设置的操作步骤如下：

（1）启动程序，设置其系统单位为毫米。点击 3ds Max 主菜单中的【自定义】命令，进入单位设置对话框，设置 3ds Max 的单位为毫米。

（2）点击【系统单位设置】按钮，将单位设置为毫米，如图4-3所示。最后点击确定按钮，这样就完成了 3ds Max 的单位设置。

2. 导入 Auto CAD 文件

在 3ds Max 中导入已经创建好的 Auto CAD 施工图文件，可以起到准确而高效创建 3ds Max 模型的作用。

导入 Auto CAD 文件的步骤如下：

（1）扫二维码"4.0.1"下载第四章 CAD 施工图。点击 3ds Max 主菜单中的【导入】命令，

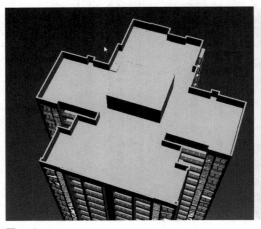

图 4-2

图 4-3

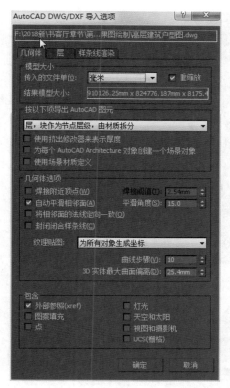

图 4-4

在弹出导入对话框中选择导入文件类型为 Auto CAD Drawing（*.DWG，*.DXF）然后选择第四章 / 高层建筑楼层户型图 .dwg 文件并打开。

（2）点击打开"高层建筑楼层户型图 .dwg"文件后，在弹出的对话框中勾选【自动平滑相邻面】选项，并勾选【重缩放】，保证 CAD 单位和导入到 3D 系统单位保持一致，其他参数保持默认即可，点击【确定】按钮完成，如图 4-4 所示。

（3）Auto CAD 文件导入后全选并群组，设置并移动至坐标原点，完成后在 3ds Max 中显示效果如图 4-5 所示。

（4）分析整个建筑楼层概况，第一层至第二十六层每层户型布局均一致，每层分布有 A1、A2、A3、A4 共四个户型，三梯六户，面积共计 660 平方米，层高 3 米。在绘制建筑主体模型过程中，从 A4 户型开始入手绘制，完成 A4 户型绘制后，依次完成 A3、A2、A1 户型绘制，完成整个楼层建筑模型绘制选择镜像复制至第二十六层，最后完成楼顶女儿墙、楼梯房等模型绘制，整个空间模型绘制完成。

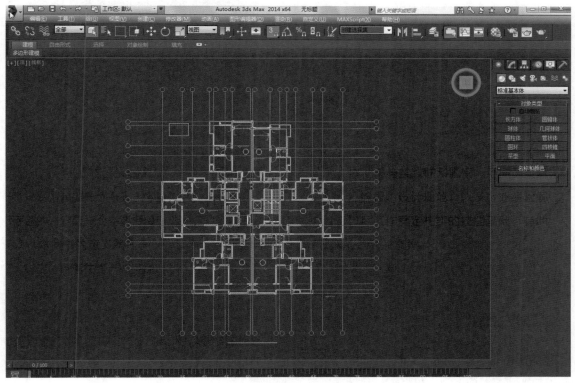

图 4-5

3. 建立墙体模型

（1）3ds Max 的图层管理
器可以方便管理复杂模型场景
中大量的元素构件，用法跟
CAD 的图层管理器类似，有图
层命名、隐藏图层、冻结图层、
修改图层颜色等功能。图层面
板的各项参数如图 4-6 所示。

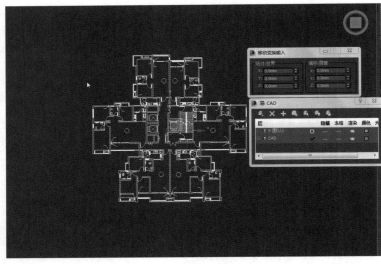

新建图层：建立新图层，
建议根据建筑相关构件进行分
层管理，比如墙体、门窗、阳
台等分为不同的图层，新建的
图层必须有一个新的命名，在
当前图层绘制的物体都会存在

图 4-6

这个图层内。当一个图层包含多个物体的时候，图
层的名称前会有给【+】号，打开【+】会显示图层
包含的所有内容。

删除图层：只能删除没有任何物体的空白图层。
选择物体添加到指定图层：先选择物体，再在图层
管理器面板选择需指定的图层，点击【+】按钮便
可以把该图层物体移动到指定图层，方便选择已经
分层管理的模型，还可以对图层进行隐藏或冻结，
点击隐藏或冻结按钮即可实现。

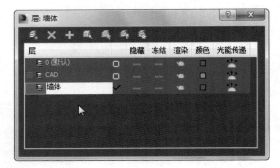

图 4-7

（2）墙体图层的建立是室外模型绘制的第一
步，因为它本身是建筑的主体，只有确立了墙体的
图层，才能绘制物体。创建建筑第一层墙体模型，
操作步骤如下：

①为了避免导入的 Auto CAD 图形发生错误的
位移或改动，可先将它们冻结，并整理到 CAD 图层，
新建墙体图层如图 4-7 所示。

②在创建模型之前，需要设置捕捉工具参数。
选择菜单栏【捕捉】工具单击鼠标右键，在弹出捕
捉选项对话框中设置捕捉的节点类型，在选项面板
中设置捕捉选项，如图 4-8 所示。

③创建墙体轮廓线。点击【创建】图标进入创
建命令面板，然后点击【图形】图标，进入二维图
形创建面板。点击物体类型卷展栏中的【线】按钮，
初始和拖动类型均设为【角点】。户外高层建筑主

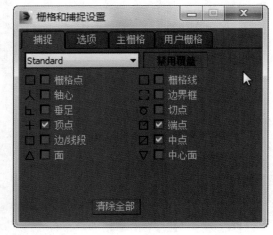

图 4-8

体模型绘制，在运用【线】来绘制表现建筑的外部造型时，注意各个节点的控制，所以在建模绘制墙体过程中，应该在顶视图中沿着导入CAD户型的墙体外侧创建二维图形（按【S】键打开捕捉功能），完成后的效果图如图4-9所示。

（3）点击【修改】图标进入修改命令面板，在修改器列表中选择【挤出】命令，然后在参数卷展栏中将数量设置为"3000毫米"，墙体模型已经被挤出，效果如图4-10所示。

（4）由于我们要表现的是室外的建筑空间，运用【线】在绘制门窗各个转折处时要注意节点的控制，在修改挤出后就能看到整个户型门窗的位置。至此，A4整个户型外墙体模型已经创建完成。

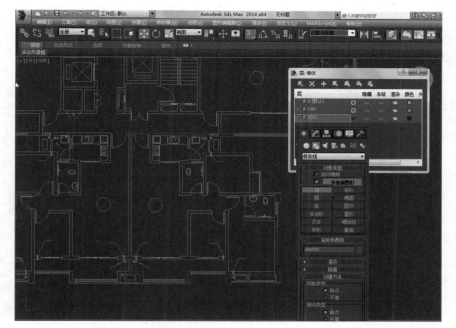

图4-9

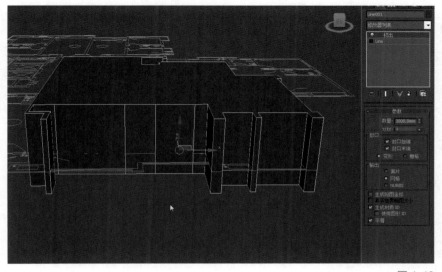

图4-10

4.绘制外墙体的推拉门门洞、窗洞

（1）按【P】切换到透视图中选择墙体，点击鼠标右键，将其转换为【可编辑多边形】，如图 4-11 所示。

（2）进入命令【可编辑多边形】子物体层级，激活【边】，选择【门洞垂直两条边】，按鼠标右键选择【连接】，输入"1"连接一条线，如图 4-12 所示。

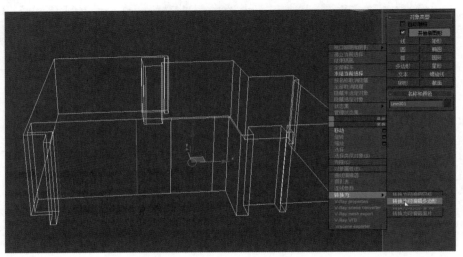

图 4-11

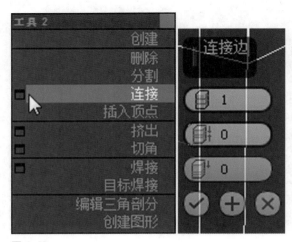

图 4-12

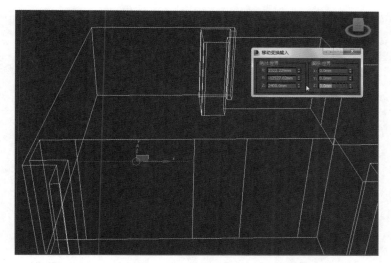

图 4-13

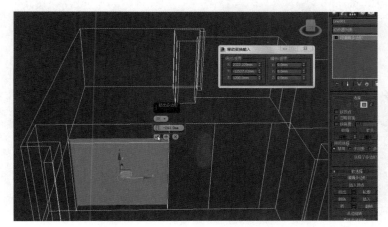

图 4-14

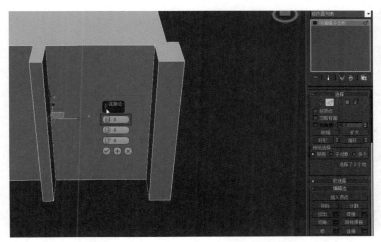

图 4-15

（3）选择刚创建的水平横线，按鼠标右键，点击【移动】或者利用【W】移动物体。在Z轴方向输入"900毫米"，如图4-13所示。

（4）进入修改命令【可编辑多边形】子物体层级，激活【多边形】修改层级，选择门洞多边形按鼠标右键【挤出】，输入数值为"-240毫米"，如图4-14所示。

（5）选择墙体门洞的面，将选中的面按键盘【Delete】键删除，A4户型客厅推拉门洞绘制完成，运用同样的方法绘制书房空间推拉门洞。

（6）绘制卧室空间外窗户窗洞，按【P】切换到透视图中选择墙体，点击鼠标右键，将其转换为【可编辑多边形】，激活【边】，选择门洞垂直两条边按鼠标右键选择【连接】，输入"2"连接两条线，如图4-15所示。

扫二维码"4.1.1"，观看建筑主体模型绘制视频。

（7）根据窗户的位置创建两条水平横线，选择下面一条水平线按鼠标右键，

4.1.1 建筑主体模型绘制

点击【移动】或者利用【W】移动物体。在 Z 轴方向输入"−500 毫米"，同样的方法选择上面一条水平横线在 Z 轴方向输入"400 毫米"，如图 4–16 所示。

（8）选择修改命令【可编辑多边形】子物体层级，激活【多边形】修改层级，选择窗洞多边形按键盘上的【Delete】键，绘制完成如图

4–17 所示。

5. 绘制推拉门、窗、玻璃、阳台、百叶窗、窗台板

（1）点击创建【图形】选择【线】按钮，初始和拖动类型均设为【角点】。打开【S】捕捉并根据阳台位置完成线的绘制，再选择【可转换为多边形编辑】，绘制完成效果如图 4–18 所示。

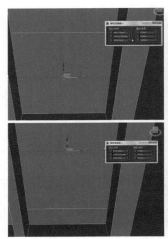

图 4–16

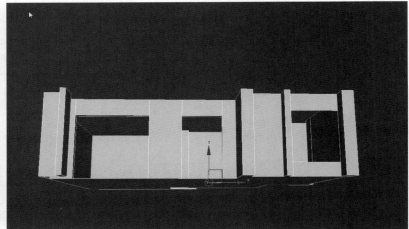

图 4–17

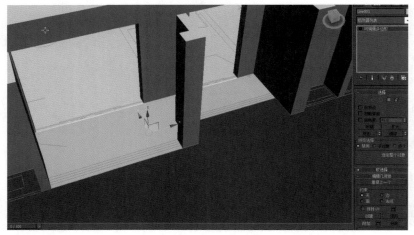

图 4–18

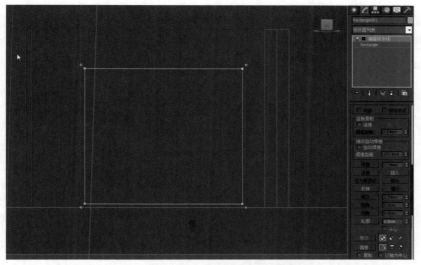

图 4-19

（2）点击【F】到前视图，对着客厅推拉门洞运用【图形】命令里面的【矩形】命令，按【S】捕捉打开，绘制门套边线如图 4-19 所示。

（3）点击【修改】命令【编辑样条线】，选择层级里面的【线段】复制水平和垂直窗框线，再点击【样条线】，在【轮廓】栏目输入尺寸"60 毫米"，如图 4-20 和图 4-21 所示。

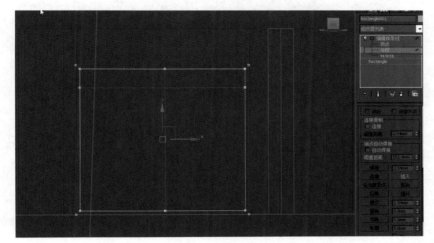

图 4-20

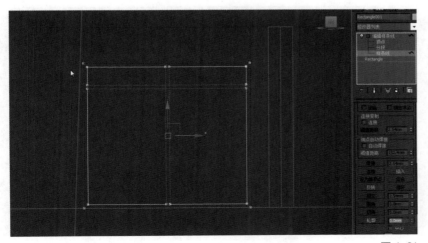

图 4-21

（4）选择修改【顶点】层级，移动点至窗框水平位置交接处，再点击修改【挤出】命令，在参数卷展栏中将数量设置为"40毫米"，如图4-22所示。

（5）推拉门套绘制完成后点击【P】切换到透视图，精简模型面数，将窗框模型转换到【可编辑多边形】命令，选择【多边形】删除推拉门套背面多余的面，如图4-23所示。

（6）按【F】切换到前视图，按【S】打开捕捉，选择【标准基本体】里的【平面】命令，绘制推拉门窗玻璃，并点击修改命令里的【壳】命令，在参数内部量栏目输入玻璃厚度"4毫米"，绘制完成，如图4-24所示。

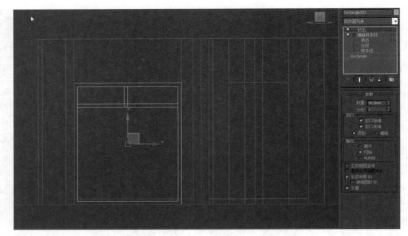

图4-22

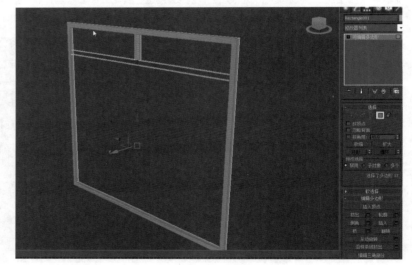

图4-23

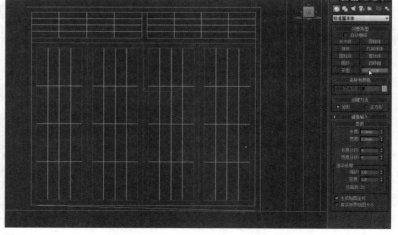

图4-24

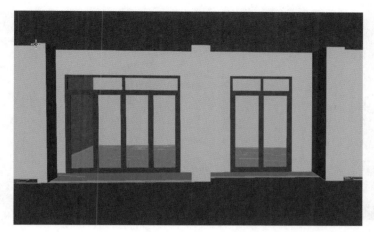

图4-25

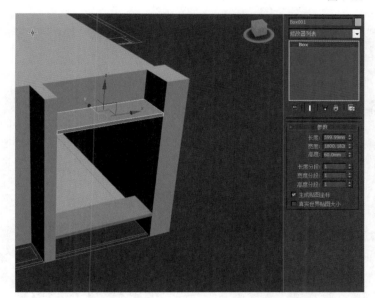

图4-26

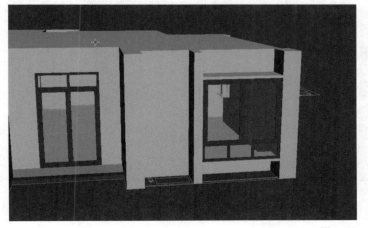

图4-27

（7）A4户型客厅和书房推拉门窗绘制完成，如图4-25所示。

（8）按【T】切换到顶视图，按【S】打开捕捉，在卧室飘窗的位置运用【标准基本体】里的【长方体】命令绘制窗台板，并复制移动物体，绘制完成如图4-26所示。

（9）按【F】切换到前视图，按【S】打开捕捉，在卧室飘窗的位置运用【图形】里面的【线】命令完成窗框和窗玻璃的绘制，绘制方法可以参考客厅推拉门绘制，完成如图4-27所示。

扫二维码"4.1.2"，观看阳台、栏杆、百叶窗模型绘制视频。

4.1.2阳台、栏杆、百叶窗模型绘制

（10）接下来我们开始绘制阳台挡水、栏杆及玻璃等，为了方便操作，按【T】切换到顶视图，运用绘制【长方体】命令，按【S】打开捕捉，绘制高为"100毫米"的长方体作为挡水。按【F】切换到前视图，运用【图形】里面的【线】命令在距阳台"1100毫米"高处水平绘制栏杆，同时点击修改，勾选【在渲染中启用】和【在视口中启用】，矩形长度改为"100毫米"和宽度"60毫米"的显示方式。绘制完成效果如图4-28所示。

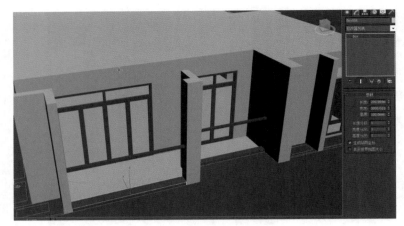

图 4-28

（11）按【F】切换到前视图，运用【图形】里面的【线】命令在阳台栏杆和挡水之间绘制柱子，同时点击修改勾选【在渲染中启用】和【在视口中启用】，改为矩形长度为"30毫米"和宽度"30毫米"的显示方式，然后根据空间布局复制柱子，运用同样的方法绘制水平柱子，如图4-29所示。

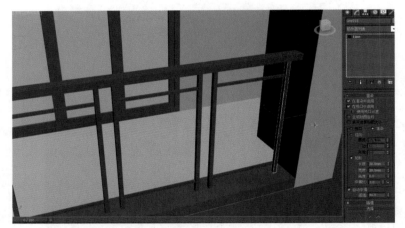

图 4-29

（12）选择创建【标准基本体】命令里面的【平面】，打开捕捉，在栏杆柱子里绘制玻璃，并点击命令【壳】修改内部量参数为"4毫米"，绘制如图4-30所示。

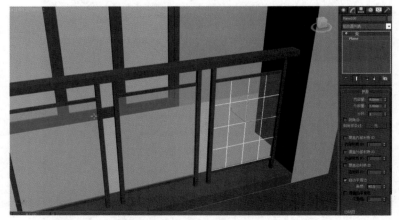

图 4-30

图 4-31

图 4-32

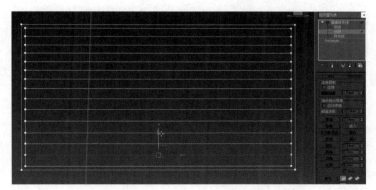

图 4-33

图 4-34

（13）第一层 A4 户型建筑主体、阳台、栏杆、推拉门、窗户等绘制完成，如图 4-31 所示。

（14）运用绘制 A4 户型建筑主体、阳台、栏杆、推拉门、窗户等的方法完成 A3、A1、A2 户型的绘制，完成效果如图 4-32 所示。

6. 绘制百叶窗、圈梁、女儿墙和完善其他楼层

（1）首先按【S】打开捕捉，点击二维【图形】里面的【线】命令，再按鼠标右键转换为【可编辑多边形】，二楼阳台地面绘制完成。再点击运用【矩形】命令绘制一个长 1800 毫米、宽 980 毫米的平面矩形，点击修改命令【编辑样条线】层级的【样条线】，在【轮廓】处输入"25 毫米"的轮廓边，选择【分段】复制百叶窗主轮廓线，如图 4-33 所示。

（2）点击修改命令【挤出】，给予百叶窗厚度，在参数卷展栏中将数量设为"20 毫米"，如图 4-34 所示。

扫二维码"4.1.3"，观看二楼阳台地面和圈梁绘制视频。

4.1.3 二楼阳台地面和圈梁绘制

（3）运用同样的方法完成其他空间布局中百叶窗的绘制，如图 4-35 所示。

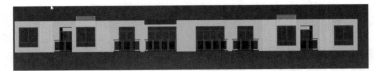
图 4-35

（4）针对场景中物体面数的增加，我们可以简化场景中的模型，对建筑主墙体、门窗、百叶窗、玻璃进行分类塌陷，这样可以使软件运行速度更快，但是塌陷后就不能再改变模型的原始参数，参数变为只读属性，所以在修改塌陷之前要仔细检查模型，或者另存一份文件备份，在命令面板选择【实用程序】里面的【塌陷】再点击选择【塌陷选择对象】，操作如图 4-36 所示。扫二维码"4.1.4"观看塌陷物体视频。

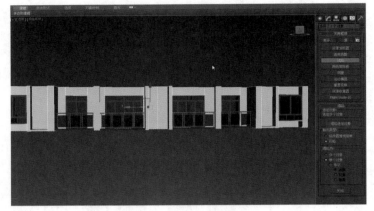
图 4-36

（5）基础防潮层绘制，按【T】切换到顶视图，运用【图形】命令里面的【线】围绕整个楼层户型建筑主体边缘绘制，完成后选择修改【样条线】，在轮廓栏输入参数"240毫米"，完成效果如图 4-37 所示。

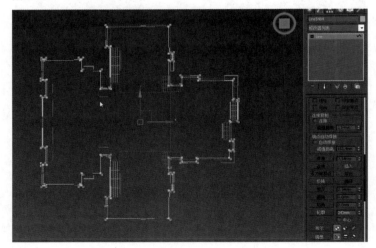
图 4-37

（6）点击修改命令【挤出】，在参数卷展栏中将数量设为"600毫米"，然后移动至一层建筑主体以下。按【F】切换到前视图，复制第一层至第二层位置，同时删除第二层地面，运用【标准基本体】里的【长方体】命令完成圈梁的绘制，完成效果如图 4-38 所示。

（7）按【L】切换到左视图，选择第二层建筑所有户型物体，点击【附加】命令里的【阵列】，在复制数量输入"24"，选择【实例】复制，点击【确定】就完

图 4-38

成二十六层建筑主体绘制。完成效果如图 4-39 所示。扫二维码"4.1.5"，观看第二层至二十六层模型整理视频。

（8）按【T】切换到顶视图，运用【图形】命令里面的【线】围绕整个楼层户型建筑主体边缘绘制，完成后选择修改【样条线】，在轮廓栏输入参数"240毫米"，点击修改命令【挤出】，在参数卷展栏中将数量设为"1700毫米"，然后移动至第二十六层建筑主体以上，完成效果如图 4-40 所示。扫二维码"4.1.6"，观看女儿墙和地基模型绘制视频。

（9）按【T】切换到顶视图，根据小区布置运用【图形】命令里面的【线】命令完成消防主干道路的绘制，转换为【可编辑多边形】形成道路平面，再完成草坪的绘制。根据空间布局完成建筑主体的复制与移动，完成效果如图 4-41 所示。扫二维码"4.1.7"，观看复制建筑主体视频。

4.1.4 塌陷物体

4.1.5 第 二 层 至二十六层模型整理

4.1.6 女儿墙和地基模型绘制

4.1.7 复制建筑主体

图 4-39

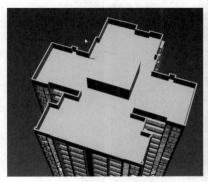

图 4-40

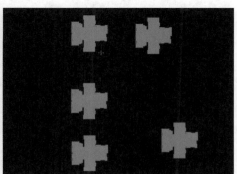

图 4-41

第二节 摄像机的设置

一、任务内容

本节任务内容为摄像机设置，完成效果如图 4-42 所示。

（一）任务目标

1. 掌握摄像机的创建方法，使摄像机与制作的场景达到自然和谐状态；

2. 能够根据构图需要进行摄像机的参数设置，能够清晰描述不同空间构图的创建方法和基本过程。

（二）任务要求

1. 掌握摄像机的创建方法，根据构图需要调整摄像机镜头和视野参数；

2. 掌握将透视图转换为摄像机视图的方法，通过不同空间需要掌握对应摄像机布置方法，严谨、认真地完成任务。

二、任务实施

在效果图绘制过程中，摄像机可以为我们设定一个固定的且符合设计师想法的画面构图。摄像机一般在顶视图创建，在左视图或前视图中调节摄像机的上下前后位置，最后在摄像机视图进行微调，镜头的数值越大，视野就越小；镜头的数值越小，视野就越大，观察的场景范围就变大，对于透视太大的视角和倾斜的摄像机要使用【摄像机校正修改器】。

1. 在顶视图中创建一架【目标】摄像机，镜头参数设置为"22.5 毫米"，视野参数设置为"77.5 度"，如图 4-44 所示。

2. 在左视图中将摄像机沿 Y 轴向上移动"20000 毫米"，至离地面"20 米"左右的高度，如图 4-45 所示。

3. 目前摄像机视点和摄像机之间的视平线略倾斜，需要进一步校正摄像机，点击鼠标右键选择【摄像机校正修改器】，如图 4-46 所示。

4. 按【C】切换到摄像机视图，摄像机设置完成，根据场景需要可以选择俯视图和仰视图镜头，如图 4-47 所示。

扫二维码"4.2.1"，观看摄像机的设置视频。

图 4-42

图 4-43

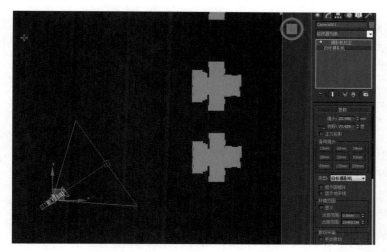

图 4-44

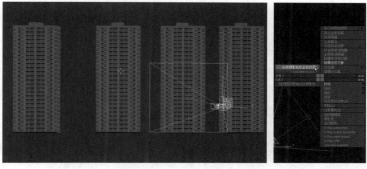

图 4-45   图 4-46

4.2.1 摄像机的设置

图 4-47

第三节 赋予场景材质及渲染基础设置

一、任务内容

本节的内容是掌握建筑场景中一些物体常见材质的设置方法，如外墙乳胶漆、塑钢窗框、玻璃、草坪等物体的材质。

（一）任务目标

根据室外建筑主体空间物体属性，能够快速调整各项材质参数，正确理解材质物理属性，调整漫反射、反射、折射的参数。

（二）任务要求

1. 掌握 VRayMtl 材质的调整方法；

2. 掌握高层建筑物的渲染出图参数设置方法，能快速渲染出图。

二、任务实施

1. 在进行材质设置之前，首先将默认的 3D 扫描线渲染器改为 V-Ray 渲染器。V-Ray 渲染器的设置方法：按【F10】键打开渲染对话框，进入【自定义】面板中的【指定渲染器】卷展栏，点击【产品级】右侧按钮，在弹出的对话框中选择【V-Ray Adv.3.00.03】渲染器，如图 4-48 所示。

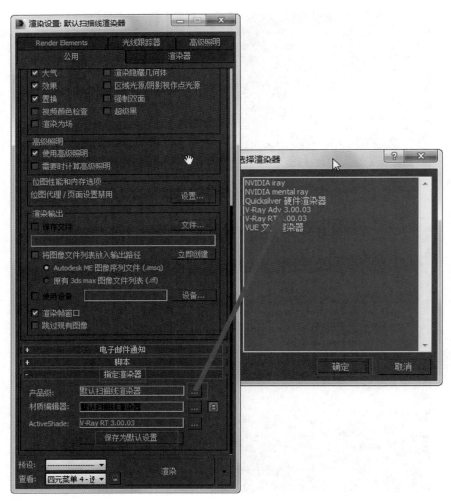

图 4-48

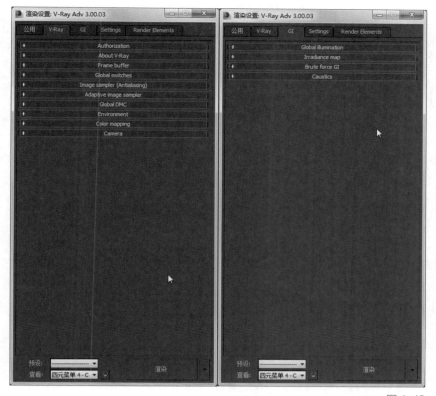

图 4-49

图 4-50

图 4-51

2. 当设置完成后，在渲染对话框面板将出现 V-Ray 渲染器，如图 4-49 所示。

3. 同时在材质编辑器里的 Material/Map Browser（材质/贴图浏览器）中也会出现 V-Ray 自带的材质和贴图。加载完 V-Ray 渲染器之后，开始对模型的材质进行设置，如图 4-50 所示。

4. 外墙乳胶漆材质设置方法。首先按【M】键打开材质编辑器，在材质球实例窗选择一个未使用的材质球，点击材质面板中的【标准】材质按钮，在弹出的对话框中选择材质的类型为【VRayMtl】，然后设置【漫反射】为墙体的乳胶漆土黄色即可，点击材质编辑器中的【将材质指定给选定对象】按钮，将其指定给场景中的墙体模型，如图 4-51 所示。

5. 塑钢门窗框材质的设置。首先按【M】键打开材质编辑器，在材质球实例窗选择一个未使用的材质球，点击材质面板中的【标准】按钮，在弹出的对话框中选择材质的类型为【VRayMtl】，【漫反射】和【反射】参数设置如图 4-52 所示。

6. 玻璃材质的设置。按【M】键打开材质编辑器，在材质球实例窗选择一个未使用的材质球，点击材质面板中的【标准】按钮，在弹出的对话框中选择材质类型为【VRayMtl】，设置其【漫反射】颜色、【反射】、【折射】参数，如图 4-53 所示。

7. 草坪材质设置。按【M】键打开材质编辑器，在材质球实例窗选择一个未使用的材质球，点击材质面板中的【标准】按钮，在弹出的对话框中选择材质类型为【VRayMtl】，设置其【漫反射】参数，如图 4-54 所示。

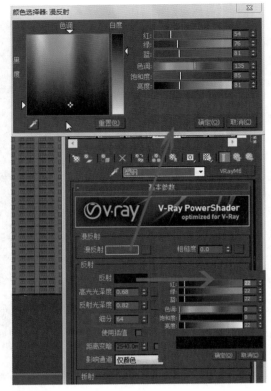

图 4-52

图 4-53

图 4-54

图 4-55

8.圈梁材质的设置。按【M】键打开材质编辑器，在材质球实例窗选择一个未使用的材质球，点击材质面板中的【标准】按钮，在弹出的对话框中选择材质类型为【VRayMtl】，设置其【漫反射】参数，如图 4-55 所示。

9.环境阳光材质的设置。按【M】键打开材质编辑器，在材质球实例窗选择一个未使用的材质球，点击材质面板中的【标准】按钮，点击材质面板中的【VRayOverrideMtl】代理材质按钮，调整物体的基本材质和全局照明材质，当使用这个材质后，场景的反光将按照这个材质的颜色来控制，如图 4-56 所示。

扫二维码"4.3.1"，观看赋予材质及渲染基础视频。

4.3.1 赋予材质及渲染基础

图 4-56

093

第四节 灯光的设置

一、任务内容

本节任务内容为户外建筑灯光设置，效果如图 4-57 所示。

（一）任务目标

掌握户外高层建筑灯光的设置方法，根据自然界中的太阳光照射光影关系，布置户外高层建筑外景阳光，产生真实的自然反射、投影和光能传递的设置效果；理解渲染面板各参数的设置原理。

（二）任务要求

1. 根据环境要求选择目标平行光源模拟太阳光的照射效果，并进行参数修改设置，要求思路清晰，顺序合理；

2. 掌握高层建筑效果图目标平行光布置方法，针对教学要求做专项训练，要求完成任务时必须严谨、认真。

二、知识链接

完成该场景中灯光的创建和调整主要用到以下知识：本案例将使用【目标平行光】来进行场景中太阳光的模拟。【目标平行光】参数面板中的阴影可以提供真实的光影效果；可以结合场景需要对灯光强度、颜色、衰减、照射面积大小进行修改。

三、任务实施

在顶视图创建【目标平行光】，在左视图调整合适的高度，调整【目标平行光】参数，设置阴影为【VRay shadows】，设置灯光颜色、强度、长宽、照射面积大小。

（一）渲染基础设置

（1）按 F10 键打开渲染对话框，进入【自定义】面板中的【指定渲染器】卷展栏。点击【产品级】右侧按钮，在弹出的对话框中选择【V-Ray Adv.3.00.03】渲染器，如图 4-59 所示。

（2）在【V-Ray】【Global switches】全局开关卷展栏中，选择【专家】模式，去掉默认勾选的【置换】、【随机计算光源数量】、【GI 过滤贴图】三项，关闭【隐藏光源】，进行如图 4-60 所示的设置。

（3）在卷展栏中的【图像采样器（抗锯齿）】和【Color mapping】颜色映射，选择【Exponential】指数模式，设置如图 4-61 所示。

图 4-57

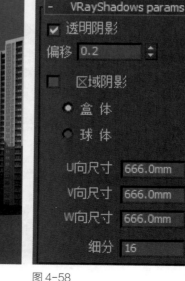

图 4-58

图 4-59

图 4-60

图 4-61

（4）在间接照明【GI】卷展栏中，勾选【开启全局照明】，选择【Irradiance map】发光贴图和【Light cache】灯光缓存，进行如图4-62所示的设置。

（5）在【Settings】设置卷展栏中，进行如图4-63所示的设置。

（6）最后在【公用】卷展栏中设置渲染图像尺寸宽度为"800"、高度为"600"，如图4-64所示。

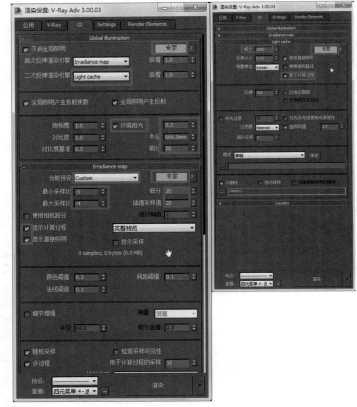

图 4-62

图 4-63

图 4-64

图 4-65

图 4-66

（7）在【VRay】卷展栏【Environment】环境窗口，勾选【全局光照明】，如图 4-65 所示。

（8）最后在【Render Elements】卷展栏中，点击【添加】，选择【Vraywirecolor】线框颜色，可用来渲染颜色通道，这样做的目的是方便在后期处理时选取色彩范围，如图 4-66 所示。切换到摄像机视图，点击【渲染】或按【Shift+Q】执行渲染操作。

（二）灯光布置实施过程

（1）整个户外建筑场景灯光阴影比较锐利，所以选择在场景里放置一盏 3ds Max 的【目标平行光】来模拟阳光的照射，创建【目标平行光】。点击【灯光】图标进入创建命令面板，选择【标准】灯光类型。

（2）点击对象类型卷展栏中的【目标平行光】按钮，按【T】切换到顶视图中沿着平面左上方创建平行光，并设置灯光的阴影、颜色、平行光参数大小，如图 4-67 所示。

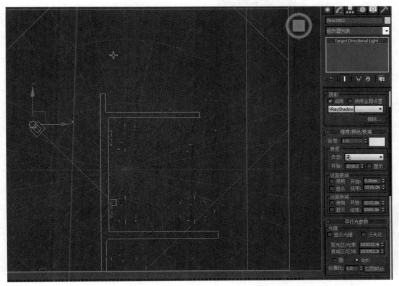

图 4-67

（3）在顶视图放置好灯光后，将目标平行光阴影选择为【VRayShadow】，按【L】切换到左视图，调整好太阳光的高度、灯光的参考位置，如图4-68所示。

（4）渲染基础测试效果如图4-69所示，当前整体效果还可以，如果建筑物背光面太暗，需要从主光源相反方向设置辅助光源，方法同上，目标平行光强度相对主光源要小，一般强度设置在"0.2"，同时关掉阴影。

扫二维码"4.4.1"，观看灯光设置视频。

扫二维码"4.4.2"，观看渲染基础视频。

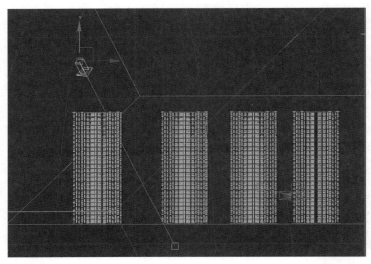

图4-68

图4-69

4.4.1 灯光设置

4.4.2 渲染基础

图 4-70

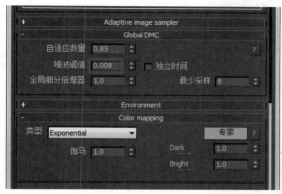

图 4-71

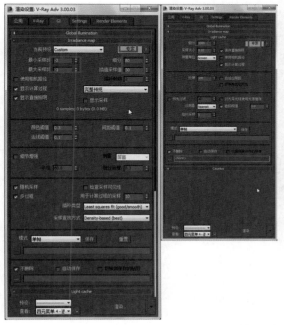

图 4-72

第五节 渲染出图

一、任务内容

本节任务内容为最终渲染出图，并保存图片，效果如图 4-70 所示。

（一）任务目标

1. 掌握 V-Ray 渲染器的切换方法，熟悉 V-Ray 渲染控制面板的各项参数运用原理。

2. 掌握 V-Ray 渲染器灯光缓存与间接照明参数设置的方法，保存图片为【Targa】格式。

（二）任务要求

1. 学习 V-Ray 渲染器的切换方法，要求思路清晰，参数正确，顺序合理；

2. 针对渲染要求做专项教学训练，要求完成任务过程中做到严谨、认真。

二、任务实施

1. 最终渲染出图必须在测试灯光效果比较满意的情况下，在渲染面板前期设置基础上对【图像采样器】、【发光贴图】和【灯光缓存】修改加大参数值。图像采样器的概念是指采样和过滤的一种算法，并产生最终的像素数组来完成图形的渲染。在【图像采样器(抗锯齿)】和【Global DMC】图像采样器中如图 4-71 所示进行设置。

2. 在间接照明【GI】中设置，间接照明勾选【开启全局照明】，选择【Irradiance map】发光贴图。这个方法基于发光缓存技术，其基本思路是仅计算场景中某些特定间接照明，然后对剩余点进行插值计算。【Light cache】灯光缓存贴图是一种近似于场景中全局光照明技术，与光子贴图类似，但是局限性较小。灯光缓存贴图是建立在追踪从摄像机可见的许许多多的光线路径的基础上，每一次沿路径的光线反弹都会储存照明信息，灯光贴图是一种通用的全局光解决方案，广泛运用在室内和室外场景的渲染中。设置参数如图 4-72 所示的设置。

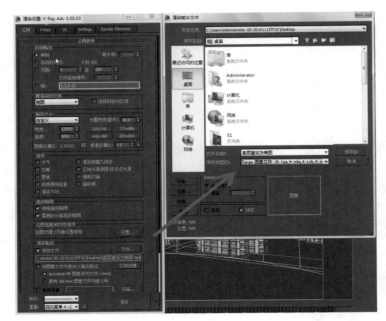

图 4-73

3. 在【公用】标签中设置渲染图像尺寸宽度为"12000"、高度为"9000"，让渲染视图保持在摄像机视图，设置自动保存路径，文件类型为【Targa】图像文件，点击【渲染】或按【Shift+Q】执行渲染，如图 4-73 所示。

4. 最终渲染效果如图 4-74 所示。

扫二维码"4.5.1"，观看渲染出图视频。

图 4-74

4.5.1 渲染出图

第六节 Photoshop 后期处理

一、任务内容

针对高层建筑周边环境进行后期处理，完成效果如图 4-75 所示。

（一）任务目标

1. 通过使用 Photoshop 软件对该效果图进行后期处理，掌握后期处理的方法，理解后期处理的重要意义；

2. 高层建筑效果图必须真实反映建筑整体的色彩与质感，并表现出空间的艺术创意、氛围与意境。

（二）任务要求

1. 熟练掌握运用 Photoshop 软件进行后期处理的方法与流程；

2. 具备 Photoshop 后期处理学习迁移的能力，争取做到举一反三。

二、知识链接

高层建筑效果图后期处理主要用到以下知识。在室外建筑效果图的表现中，Photoshop 软件的后期处理是非常重要的一个环节，在后期最终渲染效果图的基础上经过处理的环境将与建筑主体融为一体。

（一）高层建筑效果图的构图

构图要素主要包括点、线、面、体等基本元素。点是基本的构图要素，具有灵活、生动、富于变化的特点。对高层建筑效果图用 Photoshop 后期处理时，场景中的线可以看作是由无数点构成，其中有直线和曲线之分，直线又包括垂直线、水平线。垂直线刚强有力，给人以向上的感觉。水平线平直稳定，给人以宁静、轻松之感。曲线的变化是无限的，曲线可以表现不同的情绪和思维，它给人以柔和、自由轻松的感觉。面是指二维图形，如矩形、圆形等，而体则是指三维物体，如立方体。不同的建筑

图 4-75

效果图表现具有不同的构图原则，基本上遵循平衡、统一、比例、节奏、对比等原则。

（二）高层建筑效果图色彩运用原则

首先确定效果图的主色调。这就像音乐的主旋律一样，主导了整个作品的艺术氛围。其次高层建筑效果图 Photoshop 后期处理要协调好统一与变化的关系。主色调强调了色彩风格的统一，但是整个建筑场景都使用一种颜色，就会使作品失去了应有的活力，表现出的意境氛围会显得死板、单一，所以在后期处理过程中要在追求统一的基础上求变化，力求表现出建筑的节奏感、韵律感。最后处理色彩与空间的关系。由于色彩能够影响物体的大小、远近等物理属性的视觉观感，因此利用这种特性可以在一定程度上改变建筑空间的大小、比例、透视等视觉效果。

（三）光与影的处理方法

光与影的处理在建筑效果图中十分重要，它对于认识建筑形体和空间关系有着重要的意义。从一定程度上说，处理光与影的关系就是处理效果图的阴影与轮廓、明暗层次与黑白之间的关系。光影表现的重点是阴影和受光形式。阴影的基本作用是表现建筑的形体、凹凸和空间层次，另外画面中常利用阴影的明暗对比来集中人们的注意力，突出主体。首先在一般的环境中不存在纯黑色阴影，影子不能过量，在一般的环境中影子应该控制到这个地步，即可以觉察到，但不刺眼，不影响整体的画面规划；其次要控制好阴影的边缘，即应该有退晕。在建筑效果图中最常用的受光形式主要有单面受光和双面受光两种。单面受光是指在场景中只有一个主光源，不对场景中的建筑进行补光，主要用于表现侧面窄小、正面简洁的建筑物。另外这种受光形式可以应用于鸟瞰图中，这样可以用阴影来烘托建筑，加强空间的层次感。在室外建筑效果图的表现中，单面受光的应用极少，因为这种受光形式很难达到真实的自然的光照效果，但如果为了达到对比强烈、主次

分明的效果，则可以考虑。双面受光是指场景有一个主光源照亮建筑物的正面，同时还有辅助光源照亮建筑物的侧面，但是以主光源的光照强度为主，从而使建筑物产生光影变化与层次感。这种受光形式在室外建筑效果图中应用最为普遍。主光源的设置一般要根据建筑物的实际朝向、季节以及时间等确定，而辅助光源则与主光源相对，补充建筑物中过暗部位的光照，即补光，它起到补充、修正的作用，照亮主光源没有顾及的死角。

（四）建筑效果图的环境

环境即配景，如天空、配景楼、树木、花草、车、人等。天空就是整个场景中的背景，造型简洁、体积较小的室外建筑物，如果没有其他的配景如楼、树木与人物等衬景，可以使用浮云多变的天空图，以丰富画面的景观内容；造型复杂、体积庞大的室外建筑物，可以使用平和宁静的天空图，以突出建筑物的造型特征，降低画面的复杂程度。如果是地处闹市的商业建筑，为了表现其繁华热闹的景象可以使用夜景天空图。高层建筑效果图往往会用 Photoshop 进行后期处理，虽然天空在室外建筑效果图中占的画面比例较大，但主要起陪衬作用，因此，不宜过分雕琢，必须从实际出发，合理运用，以免分散主题。

环境绿化：树木丛林作为建筑效果图的主要配景之一，起到充实与丰富画面的作用，树木组合要自如，或相连，或孤立，或交错种植。草坪花圃可以使环境幽雅宁静，大多铺设在路边或广场中，在表现时只作为一般装饰，不要过分刻画，以免冲淡建筑物的造型与主体色彩的感染力。

三、任务实施

1. 使用 Photoshop 软件打开前面渲染好的效果图，创建并处理草坪图层，使用移动工具将通道图层移动至场景，运用【魔棒】工具在通道图层选取墙体，在墙体图层调整亮度及对比

度，对其整个场景建筑远景和草坪效果进行调试，完成效果如图4-76所示。

2. 接下来处理建筑周边环境和建筑本身的造型和材质质感，要求配景色调和建筑透视一致，完成效果如图4-77所示。

3. 最后进行建筑近景和整体氛围的创建与调试，力求做到建筑主体与环境融为一体，在建筑效果表现中经常使用色彩的距离感来改善空间的大小和形态，完成效果如图4-78所示。

扫二维码"4.6.1"，观看Photoshop后期处理视频。

图4-76

图4-77

4.6.1Photoshop
后期处理

图4-78

第五章
银行大厅效果图表现

本章导读

　　本章主要通过实例详解如何运用 3ds Max 表现银行大厅效果图，以培养学生的三维空间设计能力，进而能举一反三创作出更多不同风格的大厅效果图。本章教学内容系统地详解了绘制银行大厅效果图的材质赋予、灯光布置、渲染出图等主要操作步骤，使学生掌握银行大厅效果图的制作方法。

学习目标

● 通过任务演示了解 3ds Max 银行大厅效果图的一般设计思路和方法

● 通过任务演示和操作使学生掌握 3ds Max 银行大厅效果图摄像机的设置、材质赋予、灯光设置、渲染出图的过程

● 明确学习任务，培养学生的学习兴趣和科学研究态度

● 提升学生自主学习的能力，养成严谨细致的设计制作习惯

图 5-1

5.0.1 第五章模型包

第一节 摄像机的设置

一、任务内容

本章银行大厅主体建模已经完成，建模方法在第三章和第四章已深入详解过，在此就直接详解摄像机的设置。第一节内容为摄像机设置，摄像机设置完成效果如图5-2所示。

（一）任务目标

1.掌握摄像机的创建方法，使摄像机与制作的场景达到自然和谐状态；

2.能够根据构图需要进行摄像机的参数设置，能够清晰描述不同空间构图的创建方法和基本过程。

（二）任务要求

1.掌握创建摄像机的基本方法，根据构图需要调整摄像机镜头和视野参数；

2.掌握将透视图转换为摄像机视图的方法，根据不同空间需要掌握对应摄像机布置方法，严谨、认真地完成任务。

二、知识链接

本案例中摄像机的创建主要用到以下知识：银行大厅和办公区域模型建好后，根据构图，银行柜台交易区和接待区是我们重点想表现的，我们需要把里面的场景通过摄像机表现出来，为整个大厅效果表现提供优美的视角。摄像机分为目标摄像机和自由摄像机两种，自由摄像机一般用来做建筑漫游动画，目标摄像机用来做静态帧效果图，通过摄像机视野和镜头参数的调整来表现场景最佳视角。

三、任务实施

摄像机通常是一个场景中必不可少的组成单位，最后完成的静态、动态平衡图像都要在摄像机视图中表现出来，培养学生分析能力，控制摄像机的精准移动与设置，让他们能用较好的视角表现空间环境。在顶视图创建摄像机，在左视图或前视图中调节摄像机的上下前后位置，最后在摄像机视图进行微调，改变镜头和视野的大小，对于透视太大的视角和倾斜

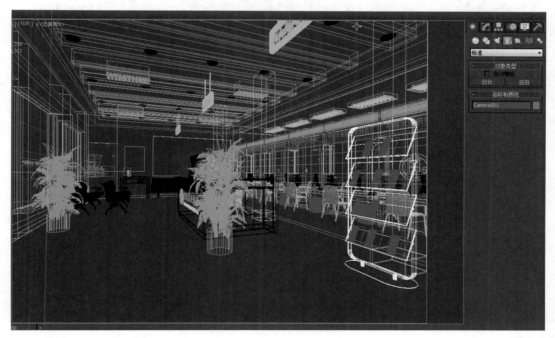

图5-2

的摄像机要使用【摄像机校正修改器】。

1. 扫二维码"5.0.1"下载第五章模型包。打开银行大厅效果图模型,按【T】切换到顶视图,创建一架【目标】摄像机,在修改面板中将摄像机的【镜头】数值调整为"20毫米",视野参数为"84度",操作如图5-3所示。

2. 按【L】切换到左视图,将摄像机沿Y轴向上移动"1200毫米",离地面"1.2米"的高度,操作如图5-4所示。

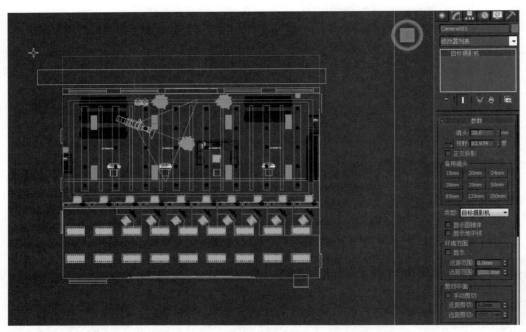

图5-3

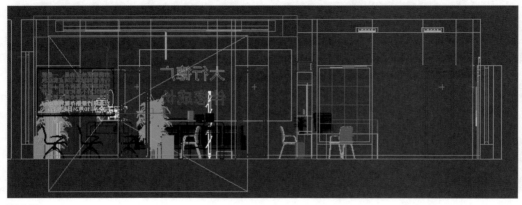

图5-4

3.按【C】切换到摄像机视图就可以看到银行大厅所要表现的效果，如果对摄像机视角不满意，可以在顶视图选中摄像机【起始点】和【目标点】两个部分，进行位置调整，调整的时候同时注意摄像机在左视图或前视图中的角度位置，如图 5-5 所示。

4.通常一个镜头无法完整表现大厅场景效果，可以选择创建多个摄像机来表现需要的视角，创建方法同上，完成后选择相应的摄像机，按【C】切换到摄像机视图就可以看到银行大厅其他视角的效果，如图 5-6 所示。

扫二维码"5.1.1"，观看摄像机的设置视频。

5.1.1 摄像机的设置

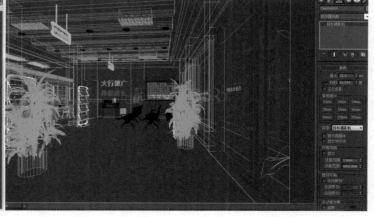

图 5-5

图 5-6

第二节 赋予材质及渲染基础设置

一、任务内容

本节任务内容是掌握银行大厅场景常见材质的设置方法，如乳胶漆、地砖、玻璃、不锈钢、盆景、自发光材质等的设置方法，效果如图5-7所示。

（一）任务目标

1. 根据银行大厅空间物体属性，能够快速调整各项材质参数，学会运用3ds Max材质中的各种贴图功能来达到所需场景要求，正确理解材质物理属性，调整漫反射、反射、折射的各项参数；

2. 掌握设置调整V-Ray渲染器的方法，否则无法使用VRayMtl材质。

（二）任务要求

1. 掌握VRayMtl材质的调整方法，根据环境要求选择恰当的材质，要求设置思路清晰，顺序合理；

2. 掌握银行大厅效果图的渲染方法，针对教学要求做专项训练，要求完成任务时必须严谨、认真。

二、任务实施

打开材质编辑器，点击【M】出现材质面板，选择空白材质球，点击【标准】按钮出现材质对话框，选择【VRayMtl】材质并双击。反射主要用来控制场景材质颜色。反射主要通过调整颜色明度来控制反射的强弱，黑色代表不反射，白色代表全反射；折射主要通过调整颜色明度来控制物体的透明度，黑色代表不透明，白色代表全透明。以此方法来创建场景所需要的材质。

1. 在进行材质设置之前，首先将默认的3D扫描线渲染器改为V-Ray渲染器。V-Ray渲染器的设置方法：按【F10】键打开渲染对话框，进入【自定义】面板中的【指定渲染器】卷展栏。点击【产品级】右侧按钮，在弹出的对话框中选择【V-Ray Adv.3.00.03】渲

图5-7

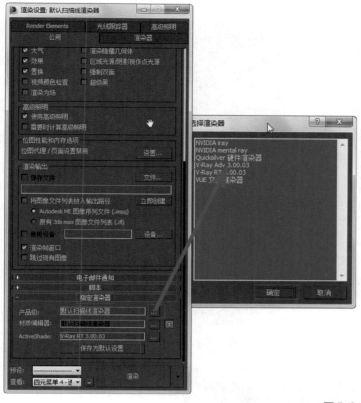

染器，如图 5-8 所示。

2.当设置完成后，在渲染对话框的渲染面板中将出现 V-Ray 渲染器面板，如图 5-9 所示。

3.同时在材质编辑器里的 Material/Map Browser（材质 / 贴图浏览器）中也会出现 V-Ray 自带的材质和贴图。加载完 V-Ray 渲染器之后，下面开始对模型的材质进行设置，如图 5-10 所示。

4.地砖材质的设置。首先按【M】键打开材质编辑器，在材质球实例窗选择一个未使用的材质球，点击材质面板中的【标准】按钮，在弹出的对话框中选择材质的类型为【VRayMtl】，找到【漫反射】通道的贴图，设置反射颜色，场景中物体反光的大小是通过颜色的深浅来体现，黑色不反射，颜色越浅反光效果越明显，反射

图 5-8

图 5-9

图 5-10

模糊度为"1"时表示反射图像清晰正常，小于"1"值时，值越小图像越模糊，参数设置如图5-11所示。

5.吊顶白色乳胶漆材质设置方法。首先按【M】键打开材质编辑器，在材质球实例窗选择一个未使用的材质球，点击材质面板中的【标准】材质按钮，在弹出的对话框中选择材质的类型为【VRayMtl】，然后设置【漫反射】调为白色，将材质赋予吊顶模型即可。如图5-12所示。

6.大厅地砖设置方法，按【M】键打开材质编辑器选择一个未使用的材质球，点击材质面板【标准】材质按钮，在弹出的对话框中选择材质类型为【VRayMtl】点击漫反射贴图选择瓷砖图片，调整反射光泽度为"0.95"，完成效果如图5-13所示。

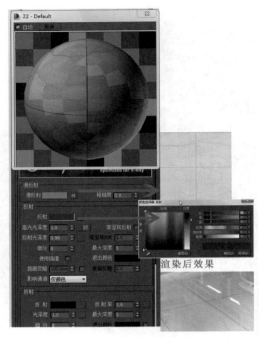

图 5-11

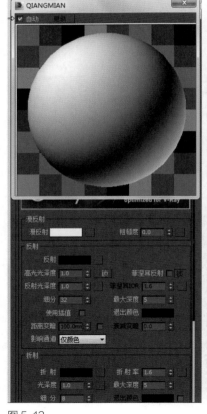

图 5-12

图 5-13

5.2.1 赋予材质
及渲染基础设置

图 5-14

7. 窗外风景采用【VRayLightMtl】灯光材质来表现。按【M】键打开材质编辑器，在材质球实例窗中选择一个未使用的材质球，点击材质面板中的【标准】按钮，在弹出的对话框中选择材质的类型为【VRayLightMtl】灯光材质，选择风景贴图，设置参数如图 5-14 所示。

8. 农业银行标准绿材质的设置。按【M】键打开材质编辑器，在材质球实例窗选择一个未使用的材质球，点击材质面板中的【标准】按钮，在弹出的对话框中选择材质的类型为【VRayMtl】，设置其【漫反射】和【反射】参数，如图 5-15 所示。

9. 自发光灯带材质的设置。按【M】键打开材质编辑器，在材质球实例窗选择一个未使用的材质球，点击材质面板中的【标准】按钮，在弹出的对话框中选择材质的类型为灯光材质【VRayLightMtl】，设置参数如图 5-16 所示。

扫二维码"5.2.1"，观看赋予材质及渲染基础设置视频。

图 5-15　　　　　　　　图 5-16

10. 柜台防弹玻璃材质的设置。按【M】键打开材质编辑器，在材质球实例窗选择一个未使用的材质球，点击材质面板中的【标准】按钮，在弹出的对话框中选择材质的类型为【VRayMtl】，设置其【漫反射】颜色、【反射】、【折射】参数，如图 5-17 所示。

11. 绿色植物材质的设置。按【M】键打开材质编辑器，在材质球实例窗中选择一个未使用的材质球，点击材质面板中的【标准】按钮，在弹出的【Material/Map Browser】（材质 / 贴图浏览器）对话框中选择【Multi/Sub-Object】（多维 / 子对象）材质，最后点击【OK】按钮，默认是 10 种材质，点击【设置数目】按钮，在弹出的【设置材质数量】对话框中设置数目为"3"，点击【OK】，再点击【01-Default（Standard）】

按钮，在标准材质界面中设置植物树叶的贴图、反射材质属性。完成后选择【02-Default（Standard）】，设置树干材质，按此方法选择 3 号材质球调整不锈钢花盆材质，完成效果如图 5-18 所示。

12. 不锈钢材质的设置。按【M】键打开材质编辑器，在材质球实例窗选择一个未使用的材质球，点击材质面板中的【标准】按钮，在弹出的对话框中选择材质的类型为【VRayMtl】，设置其【漫反射】RGB 为"47"和【反射】颜色参数为"213"。其他没有讲到的材质的都是按以上材质的调整方法进行调整，同学们可以参考，仔细观察物体属性，举一反三，争取做到材质与模型相匹配，反射模糊度和高光模糊度参数设置正确。

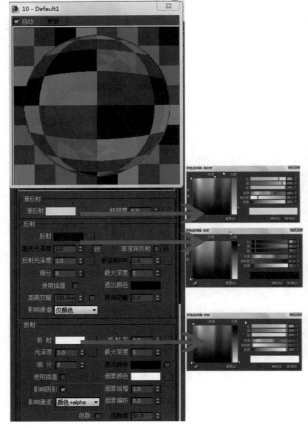

图 5-17

图 5-18

第三节 灯光的设置

一、任务内容

本节任务内容为 VRay 灯光设置，效果如图 5-19 所示。

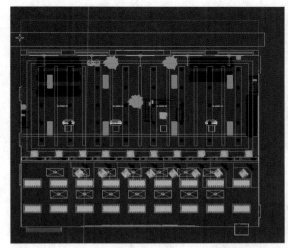

图 5-19

（一）任务目标

掌握银行大厅灯光的设置方法，根据自然界中的光影关系，完成阳光产生的真实自然反射、投影和光能传递的效果设置，理解渲染面板各参数的设置原理。

（二）任务要求

1. 根据环境要求选择【VRaylight】面光源模拟太阳光的照射效果，并进行参数修改设置，要求思路清晰，顺序合理；

2. 掌握银行大厅办公区域【VRaylight】面光源布置方法，针对教学要求做专项训练，要求完成任务时必须严谨、认真。

二、知识链接

银行大厅阳光的设置，该场景表现的是白天银行大厅的场景效果，根据自然界太阳光照射的光影关系，完成从窗户投射进室内的阳光产生真实的自然反射、投影和光能传递的效果设置，理解渲染面板各参数的设置原理。

三、任务实施

VRay 灯光在效果图制作中被普遍运用，其中【VRaylight】面光源可以根据场景需要调整灯光片长度、宽度，适用于场景主光源的创建与辅助光的配合，用途非常广泛。在顶视图银行大厅柜台操作办公区域根据格栅灯位置创建【VRaylight】面光源，调整方向位置，根据空间光源的需要复制【VRaylight】面光源到相应位置，切换到前视图运用同样的方法完成对太阳光的模拟。

（一）渲染基础设置

在场景中布置灯光时，头脑中要有一个清晰的工作思路，一般采用逐步增加灯光的方法。通常在场景中布光时，从无灯光开始，然后逐步增加灯光，每次增加一盏灯。只有当场景中已存在的灯光已经调整到令人满意的状态后，才增加新的灯光。这样才能够让我们清楚地了解每一盏灯对场景的作用，并能够避免场景中因多余的灯光而导致产生不需要的效果和增加渲染时间。因此，通常从天光开始，然后增加阳光，最后再添加必要的辅助灯光。灯光设置完毕后需要简单渲染测试灯光的照射效果，在渲染的过程中应该先设置一个较低的参数，这样做的目的是提高渲染速度，测试场景是否存在问题。在测试没有问题后，根据所需图像的质量进行较高参数的设置，最后渲染出图。

1. 按【F10】键打开渲染对话框，进入【自定义】面板中的【指定渲染器】卷展栏。点击【产品级】右侧按钮，在弹出的对话框中选择【V-Ray Adv.3.00.03】渲染器。

2. 在【V-Ray;Global switches】全局开关卷展栏中，选择【专家】模式，去掉默认勾选的【置换】、【随机计算光源数量】、【GI 过滤贴图】三项，关闭隐藏光源，进行如图 5-20 所示的设置。

3. 在【图像采样器（抗锯齿）】和【Color mapping】颜色映射卷展栏中，选择【Exponential】指数模式，如图 5-21 所示。

4. 在间接照明【GI】卷展栏中，勾选【开启全局照明】，选择【Irradiance map】发光贴图和【Light cache】灯光缓存，进行如图 5-22 所示的设置。

图 5-20

图 5-21

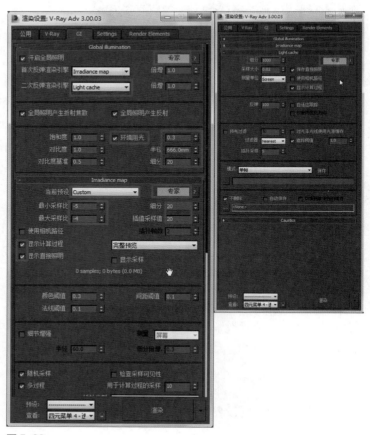

图 5-22

5. 在【Settings】设置卷展栏中，进行如图5-23所示的设置。

6. 最后在【公用】卷展栏中设置渲染图像尺寸宽度为"800"、高度为"600"，图保持在摄像机视图，点击【渲染】或按【Shift+Q】执行渲染操作，如图5-24所示。

（二）实施步骤

1. 点击创建命令面板的灯光按钮，在出现的下拉菜单中有【标准】灯光、【光度学】灯光、【VRay】三个选项，选择【VRay】灯光类型里面的【VRaylight】面光源，如图5-25所示。

图 5-23

图 5-24

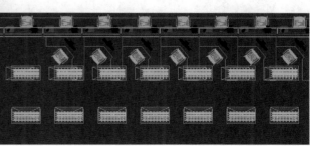

图 5-25

2. 按【T】切换到顶视图，点击【VRaylight】灯光，在顶视图中创建面光源，在前视图中将光源方向改为向下，灯光颜色 RGB 颜色设置为"24，33，255"，设置倍增器参数为"18"，勾选"投射阴影""不可见""影响高光""影响漫反射""影响反射"相应的选项，关联复制移动至具有格栅灯的位置，如图 5-26 所示。

3. 调整【VRaylight】灯光的位置和大小，可以选择【Shift+Q】渲染来测试下灯光效果，如图 5-27 所示。

扫二维码"5.3.1"，观看灯光设置视频。

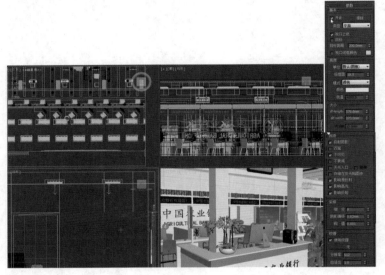

图 5-26

图 5-27

5.3.1 灯光设置

4. 根据渲染效果来看，目前银行柜台操作区亮度正常，整个大厅借助吊顶自发光灯光材质和窗外风景灯光材质的反射，场景没有达到自然光照的效果，这时候就需要通过在窗外创建 VRay 灯光来补充自然太阳光的照射效果。

5. 按【F】切换到前视图，点击【VRaylight】灯光，在前视图落地窗的位置创建长方形光源，按【T】切换到顶视图中将光源方向改为朝大厅，灯光颜色 RGB 颜色设置为白色，设置倍增器参数为"6"，勾选"投射阴影""不可见""影响漫反射"相应的选项，关联复制移动至其他落地窗的位置，如图 5-28 所示。

6. 按【T】切换到顶视图，点击【VRaylight】灯光，在落地窗前方的位置创建 VR 球体光源，在左视图中将光源的位置移动至银行大厅空间上方，灯光颜色 RGB 颜色设置为"148，80，255"天空蓝色，设置倍增器参数为"2200"，勾选"投射阴影""不可见""影响高光""影响漫反射""影响反射"相应的选项，如图 5-29 所示。

7. 点击【Shift+Q】渲染来测试灯光效果，整个大厅场景光线正常，如图 5-30 所示。

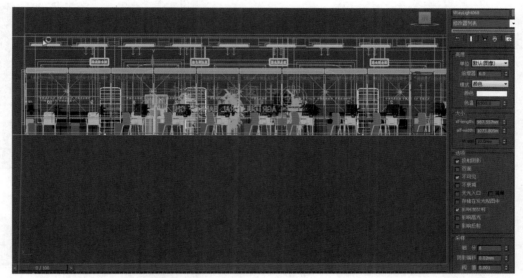

图 5-28

图 5-29

图 5-30

第四节 渲染出图

一、任务内容

本节任务内容为最终渲染出图，效果如图 5-31 所示。

（一）任务目标

1. 掌握 V-Ray 渲染器的切换方法，熟悉 V-Ray 渲染控制面板的基本结构；

2. 掌握 V-Ray 渲染器灯光缓存与发光贴图参数设置方法，保存图片为【Targa】格式，渲染出图。

（二）任务要求

1. 学习 V-Ray 渲染器的切换方法，要求思路清晰，参数正确，顺序合理；

2. 针对渲染教学要求做专项教学训练，要求在完成任务过程中严谨、认真。

二、任务实施

1. 最终渲染出图必须在测试灯光效果比较满意的情况下，在渲染面板前期渲染设置基础上对【图像采样器】、【发光贴图】和【灯光缓存】进行修改加大参数值。图像采样器是指采样和过滤的一种算法，它能产生最终的像素来完成图形的渲染。在【图像采样器（抗锯齿）】和【Global DMC】图像采样器卷展栏中进行如图 5-32 所示的设置。

2. 在间接照明【GI】卷展栏中设置，间接照明勾选【开启全局照明】，选择【Irradiance map】发光贴图。这个方法基于灯光缓存技术，其基本思路是仅计算场景中某些特定空间的间接照明，然后将剩余对点进行插值计算。【Light cache】灯光缓存贴图是一种近似于场景中全局光照明技术，与光子贴图类似，但是局限性更小。灯光缓存贴图是建立在追踪从摄像机可见的许许多多的光线路径的基础上，每一次沿路径的光线反弹都会储存照明信息，灯光缓存贴图是一种通用的全局光解决方案，广泛运用在室内和室外场景的渲染方面。设置参数如图 5-33 所示。

图 5-31

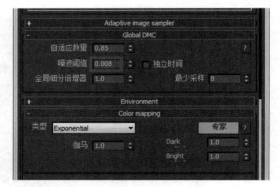

图 5-32

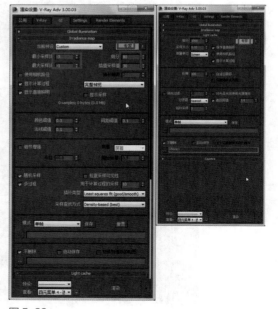

图 5-33

3. 在【公用】卷展栏中设置渲染图像尺寸宽度为"4500"、高度为"3375"，让渲染视图保持在摄像机视图，设置自动保存路径，文件类型为【Targa】图像文件，点击【渲染】或按【Shift+Q】执行渲染，如图 5-34 所示。

4. 最终渲染效果如图 5-35 所示。

5. 运用同样的方法，选择恰当的构图设置摄像机，设置渲染参数并渲染出图 5-36 和图 5-37 的效果。

扫二维码"5.4.1"，观看渲染出图视频。

图 5-34   图 5-35

图 5-36   图 5-37

5.4.1 渲染出图

第六章
360° 客厅全景效果图表现

本章导读

　　360° 客厅全景效果图表现越来越流行，房地产企业常利用这一技术向客户展示户型内部结构，而装饰企业利用这一技术来表现家居空间的内部装修细节和质感，通过构建虚拟的场景，让用户身临其境，给用户呈现全屋装修效果，提供最直观的视觉感受。本章以绘制 360° 客厅全景效果图为例，以培养学生的三维空间设计能力，进而促进其创作出更多不同风格的 360° 家居全景空间设计效果图。

学习目标

● 通过任务演示了解 3ds Max 软件表现 360° 客厅全景效果图的一般设计思路和方法

● 通过任务演示和操作掌握自由摄像机的创建和渲染出全景效果图的过程

● 通过任务演示和操作掌握 Pano2VR 制作 360° 虚拟全景效果图展示和 720 云全景效果图展示并通过微信发布的方法

● 明确学习任务，培养学生的学习兴趣和科学研究态度，能够运用所学知识绘制客厅全景效果图

● 提高学生自主学习的能力，养成严谨细致的设计制作习惯

6.0.1 第六章模型包

图 6-1

第一节 全景摄像机的设置

一、任务内容

客厅主体模型的绘制和赋予材质在第三章已经讲过，这里就不再详解，下面我们主要学习全景摄像机的设置。本节任务内容为摄像机设置，完成效果如图 6-2 所示。

（一）任务目标

1. 掌握全景摄像机使用的基本方法，使摄像机与制作的场景达到自然和谐状态；

2. 能够根据构图需要进行 VR 摄像机的参数设置，能够清晰描述不同空间构图的创建方法和基本过程。

（二）任务要求

1. 掌握自由摄像机的创建方法，理解镜头的概念和视野原理；

2. 掌握将透视图转换为摄像机视图的方法，具备学习迁移的能力，能够做到举一反三。

二、知识链接

VR 虚拟现实技术是一种可以创建和体验虚拟世界的计算机仿真系统，它利用计算机生成一种模拟环境，是一种多信息融合的、交互式的三维动态视景和实体行为的仿真技术系统，使用户沉迷到该环境中。VR 虚拟现实技术是仿真技术的一个重要方向，是仿真技术与计算机图形学人机接口技术、多媒体技术、传感网络技术等多种技术的集合，360°客厅装修效果环境的虚拟，由 3ds Max 软件完成全景图片的绘制、Pano2VR 完成实时动态三维立体逼真图像的转换。

360°客厅全景效果图，就是一个对客厅空间现实表现的简单虚拟，首先绘制客厅场景模型，渲染出 360°全景照片。全景照片展开看就是一个投影的 2D 照片，类似投影球形地图展开到二维平面上。实际上完成的 360°全景照片，只有一张照片，无法看到场景全部效果，这显然不合理，VR 交互动态效果需要发布到 720 云网站上才可以看到动态效果。也可以将二维全景图片导入 Pano2VR 实现全景视图交互效果。

摄像机通常是一个场景中必不可少的组成单位，最后完成的静态、动态平衡图像都要在摄像机视图中表现，3ds Max 中的摄像机拥有超过现实中摄像机的功能，能在更换镜头瞬间完

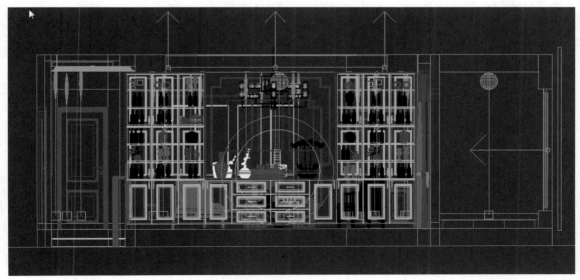

图 6-2

成任务、无级变焦更是真实摄像机无法比的。需要熟悉 V-Ray 摄像机里的【Spherical】球面摄像机，V-Ray 渲染提供了多种类型摄像机，如图 6-3 所示。

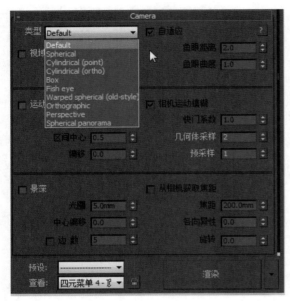

图 6-3

【Spherical】：这是一种球面摄像机，它的摄像机镜头是球面的。

【Cylindrical（point）】：这种类型的摄像机所看到的光影都是从同一个点即圆柱体的中心发出的。视域表示摄像机观察到范围。（注意：在垂直方向上，该摄像机起到球面摄像机的作用。）

【Cylindrical（ortho）】：这类摄像机所看到的所有光影都是平行发射的。（注意：在垂直方向上该摄像机看到的相当于正视图，而在水平方向上该摄像机起到球面摄像机的作用。）

【Box】：这种摄像机只是简单地把 6 台标准摄像机放置在一个立方体的六个面上。这种摄像机对于生成一种立方体贴图的环境贴图和生成全局照明非常有用。只需采用这种摄像机生成一种光照贴图并将其保存为文件，你就可以再次使用它，此时标准摄像机可以放置在场景中的任何方位上。

【Fish eye】：这种特殊类型的摄像机在捕捉场景时，就像一台针孔摄像机对准一个完全反射的球体，该球体能够将场景完全反射到摄像机的镜头中。你可以使用镜头 / 视野设置来控制该球体的哪部分能够被摄像机捕获。

三、任务实施

本次 360° 客厅全景效果图的制作，运用【自由】摄像机来表现场景构图，将场景切换到左视图或前视图，在客厅空间中间距离地面"1200毫米"处创建，然后到顶视图调整摄像机的位置，最后在摄像机视图进行微调，改变镜头和视野的大小，对于透视太大的视角和倾斜的摄像机要使用【摄像机校正修改器】。

1. 扫二维码"6.0.1"下载第六章模型包。打开客厅全景效果图模型，点击打开【创建】命令面板选择摄像机里面的【自由】摄像机，在客厅场景左视图中离地面"1200 毫米"处的高度创建一架【自由】摄像机，将摄像机的【镜头】数值调整为"22 毫米"，如图 6-4 所示。

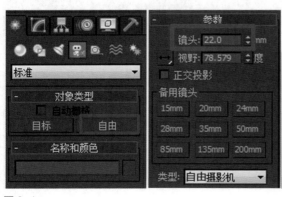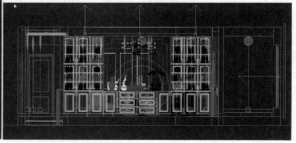

图 6-4

2. 在顶视图中微调摄像机的位置，如图 6-5 所示。

3. 为保证摄像机能全方位看到整个客厅空间每个角落，需对摄像机的渲染类型进行修改。点击渲染面板里【Camera】摄像机类型修改为【Spherical】球形摄像机，勾选视域覆盖并调整为 360°。设置如图 6-6 所示。

扫二维码"6.1.1"，观看全景摄像机设置和基础渲染视频。

图 6-5

图 6-6

第二节 渲染出图

一、任务内容

本节学习内容为渲染出图，效果如图 6-7 所示。

（一）任务目标

1. 掌握全景客厅空间的渲染方法，理解渲染面板各参数的设置原理；

2. 掌握 V-Ray 渲染器灯光缓存与发光贴图参数设置方法，保存图片为【Targa】格式，渲染出图。

（二）任务要求

1. 学习 V-Ray 渲染器的切换方法，要求思路清晰，参数正确，顺序合理；

2. 针对渲染要求做专项教学训练，要求在完成任务过程中严谨、认真。

6.1.1 全景摄像机
设置和基础渲染

图 6-7

二、任务实施

1. 按【F10】键打开渲染对话框，进入【自定义】面板中的【指定渲染器】卷展栏。点击【产品级】右侧按钮，在弹出的对话框中选择【V-Ray Adv.3.00.03】渲染器，如图6-8所示。

2. 在【V-Ray;Global switches】全局开关卷展栏中，选择【专家】模式，将去掉默认勾选的【置换】、【随机计算光源数量】、【GI过滤贴图】三项，关闭隐藏光源，如图6-9所示。

3. 在【图像采样器（抗锯齿）】和【Color mapping】颜色映射卷展栏中，选择【Exponential】指数模式，进行如图6-10所示的设置。

扫二维码"6.2.1"，观看渲染出图视频。

图6-8

6.2.1 渲染出图

图6-9　　　　　　　图6-10

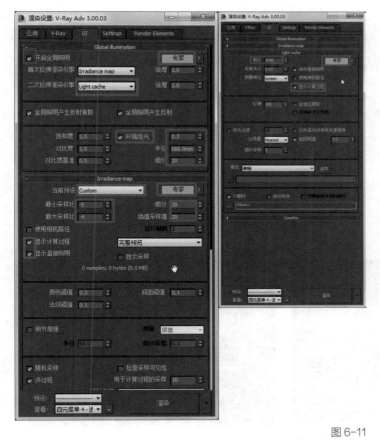

图 6-11

4. 在间接照明【GI】卷展栏中设置，勾选【开启全局照明】，选择【Irradiance map】发光贴图和【Light cache】灯光缓存，进行如图 6-11 所示的设置。

5. 在【Settings】设置卷展栏中，进行如图 6-12 所示的设置。

6. 最后在【公用】卷展栏中设置渲染图像尺寸宽度为"700"、高度为"350"，让渲染视图保持在摄像机视图，点击【渲染】或按【Shift+Q】执行渲染，进行如图 6-13 所示的设置。

图 6-12

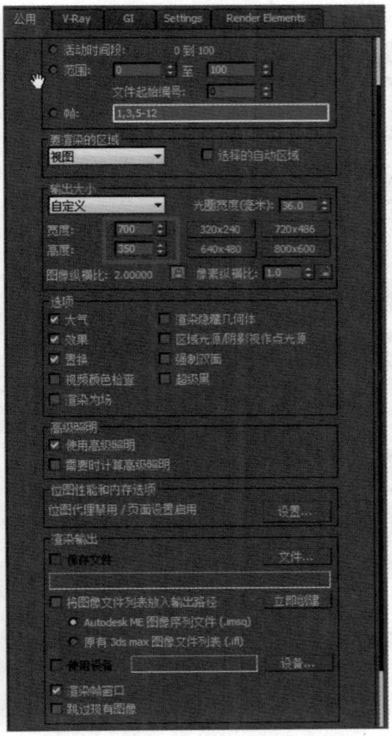

图 6-13

7. 渲染结果如图 6-14 所示。

8. 最终渲染出图要在测试灯光效果比较满意的情况下，在渲染面板前期设置基础上进行【图像采样器】、【发光贴图】和【灯光缓存】修改加大参数值。图像采样器是指采样和过滤的一种算法，并产生最终的像素数组来完成图形的渲染。在【图像采样器（抗锯齿）】和【Global DMC】图像采样器卷展栏中的设置如图 6-15 所示。

9. 在间接照明【GI】卷展栏中设置，间接照明勾选【开启全局照明】，选择【Irradiance map】发光贴图，这个方法基于灯光缓存技术，其基本思路是仅计算场景中某些特定空间的间接照明，然后将剩余对点进行插值计算。【Light cache】灯光缓存贴图是一种近似于场景中全局光照明技术，与光子贴图类似，但是局限性更小。灯光缓存贴图是建立在追踪从摄像机可见的许许多多的光线路径的基础上，每一次沿路径的光线反弹都会储存照明信息，灯光缓存贴图是一种通用的全局光解决方案，广泛运用在室内和室外场景的渲染方面。设置参数如图 6-16 所示。

图 6-14

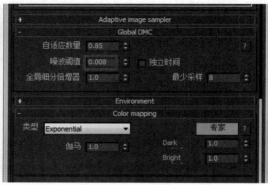

图 6-15

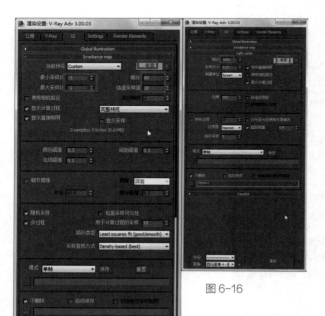

图 6-16

10. 在【公用】卷展栏中设置渲染图像尺寸宽度为"6000"、高度为"3000"，让渲染视图保持在摄像机视图，设置自动保存路径，文件类型为 Targa 图像文件，点击【渲染】或按【Shift+Q】执行渲染，如图 6-17 所示。

11. 最终渲染效果如图 6-18 所示。

12. 渲染效果灯光效果略偏亮，经过后期修复处理效果如图 6-19 所示。

图 6-17

图 6-18

图 6-19

<table>
<tr><td>

第三节 Pano2VR 制作 360° 虚拟全景展示

一、任务内容

本节学习内容为运用 Pano2VR 软件转换为三维动态效果，如图 6-20 所示。

（一）任务目标

掌握 Pano2VR 的工具使用技巧，学会场景之间的交互热点制作以及全景输出方法和插入图片信息、背景音乐、多媒体文件的操作方法，最终完成全景图的输出配置参数设置。

（二）任务要求

1. 掌握 Pano2VR 转换全景效果图制作技巧，要求思路清晰，参数正确，顺序合理；

2. 针对教学要求做专项教学训练，要求完成任务过程中具备严谨、认真的态度。

二、知识链接

360° 虚拟全景展示技术被广泛应用到虚拟展厅、网上史馆、全景看房等方面，其全景展示功能，使人们足不出户就可以看到自己难以在现场看到的景物，具有方便、实用、扩展性强等特点。Pano2vr 是一款国外进口软件，在制作 360° 虚拟全景展示方面有很完美的功能，能满足网上展馆、全景看房等功能需求。软件主体界面共有五个功能，全景图导入、创作信息设置、热点添加、音频嵌入、发布设置。软件操作容易，上手简单。

</td><td>

三、任务实施

1. 打开 Pano2VR 软件，将图片直接拖入【将全景拖到此处】中或者点击【选择输入】按钮，然后打开上一节渲染的客厅全景效果图即可将全景图导入，此时要想看效果，可以先点上图中显示参数中的按钮，查看整个场景效果，并可以通过全景上下左右按钮进行查看，同时可以确定默认视图位置。导入图片之前必须在桌面建一个 360° 客厅全景效果图文件夹，用于文件输出保存，如图 6-21 所示。

2. 在中部输出面板中点击下拉菜单，然后选择要输出的格式，然后点击【增加】按钮。一般情况下我们常用的是【Flash】格式，所以在这里直接点击【增加】按钮，之后会弹出【Flash】输出配置面板，此面板主要包括五个选项卡，第一选项卡为【设定】，包括五部分，其中【切片】部分主要作用是后期在网页中显示时实现缓存效果，一般可以设置为 "1000 像素" 到 "1500 像素" 之间，视情况而定；【自动旋转】部分，主要实现输出动画打开后自动以相应的平移速度进行旋转，设置比较简单；【窗口】部分，设置【Flash】窗口的大小。【皮肤】部分，这是一个非常重要的部分，主要用来控制全景图导航的相关设置，其内容相当重要，下拉菜单里包括了一些自带的皮肤，但样式不够美观，所以一般根据自己的需要选择一款自定义皮肤。

</td></tr>
</table>

图 6-20

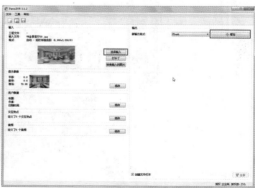

图 6-21

3. 点击【增加】按钮进入【Flash】输出界面，在【窗口】栏输入宽度为"1280"、高度为"720"，想要画面品质更好可以加大参数值，勾选【开启自动旋转】，更改选择任意一款皮肤，点击输出文件保存至桌面 360° 客厅全景效果图文件夹，如图 6-22 所示。

6.3.1 Pano2VR
转换为动态视频

4. 打开桌面上的 360° 客厅全景效果图文件夹，就可以看到 VR 全景客厅【.swf】文件，选择适合的播放软件就可以对该客厅进行 360° 浏览，浏览过程中可以点击上下左右箭头进行全空间查看，如图 6-23 和图 6-24 所示。

扫二维码"6.3.1"，观看 Pano2VR 转换为动态视频。

图 6-22

图 6-23

图 6-24

129

第四节 360°客厅全景效果图微信分享

一、任务内容

本节学习内容为360°客厅全景效果图微信分享，效果如图6-25所示。

图6-25

（一）任务目标

1. 掌握720云网站交互热点制作以及全景输出方法和插入图片信息、背景音乐、多媒体文件的操作方法，最终掌握360°全景图的输出配置参数设置；

2. 全景图微信分享，通过案例详解让大家清晰地掌握360°全景效果图制作技能，能够更方便地为客户展示最终效果图方案。

（二）任务要求

1. 学习720云网站全景效果图上传、后期处理方法，要求思路清晰，参数正确，顺序合理；

2. 针对教学要求做专项教学训练，要求完成任务过程中具备严谨、认真的态度。

二、任务实施

1. 打开720云网站，首先运用微信注册一个账号，方便作品的上传与管理，注册完后选择登录，操作如图6-26所示。

2. 进入个人账户点击【作品管理】，选择上传作品，将所渲染的客厅全景效果图上传到作品管理，操作如图6-27所示。

3. 选择点击【编辑作品】，选择【全局设置】，勾选【小行星开场】和【手机陀螺仪】并保存，操作如图6-28所示。

图6-26

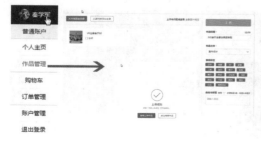

图6-27

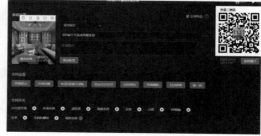

图6-28

　　4. 点击【添加音乐】，选择合适曲目并保存，最后点击【分享作品】就可以自动生成作品二维码图片，扫作品二维码就可以分享到朋友圈，客户就可以通过微信进行查看 360° 效果图，操作如图 6-29 所示。

　　5. 最后完成了 360° 客厅全景效果图微信分享，如图 6-30 所示。

　　扫二维码"6.4.1"，观看通过 720 云网站分享作品视频。

图 6-29

6.4.1 通过 720 云
网站分享作品

图 6-30

图 7-1 欧式客厅效果图。大面积的玻璃窗带来良好的采光，精美的装饰油画，大型的水晶装饰吊灯，有着丝绒般质感的布艺沙发组合以及流畅的装饰线条，将传统欧式家居的奢华与现代家居的实用性完美地结合。

图 7-2 新中式客厅效果图一。空间设计融入了具有中式风格的实木框架元素，体现室内家居空间的大气与典雅，既回归传统又不失现代与时尚。

图 7-3 新中式客厅效果图二。简洁硬朗的直线条嵌入空间吊顶造型，中式实木座椅，将传统元素与现代设计手法融合在一起，满足现代人的使用和审美需求。

图 7-4 大厅入口效果图。富有层次感的吊顶造型，地面采用水墨大理石装饰，成功地塑造商业大厅端庄大气、宽敞明亮的功能空间。

图 7-5 住宅小区规化鸟瞰图。整个小区空间以中轴线布局，准确反映各建筑物、道路、设施、绿化景观的平面位置与空间关系，实现建筑与景观的完美结合。

图 7-6 住宅小区规划鸟瞰图夜景。利用光线的变化来表现整个小区复杂空间的纵深感，通过营造一个明暗对比强烈的小区夜景光环境，来反映小区建筑各功能空间之间的关系。

图 7-7 住宅小区沿街透视图。不同高度的建筑物在空间上变化，表现建筑物的立体造型与周围环境的关系，准确地预测沿街商业空间的效果。充分展示商业建筑造型、街道尺寸、景观小品设计、路面铺装、休闲座椅等整体规划设计。

图 7-8 住宅小区广场透视图。借助玻璃的反射属性，将小区建筑的外部造型表现得淋漓尽致，充分展示建筑物主体、休闲广场喷泉、道路、绿化景观之间的关系。

参考文献

[1] 陈维俊 .3ds Max/VRay 效果图光与材质表现技法 [M]. 北京：人民邮电出版社，2007.

[2] 郑恩峰 .3ds Max&V–Ray 室内外空间表现 [M]. 上海：上海交通大学出版社，2010.

[3] 火星时代 . 3ds Max&VRay 室内渲染火星课堂 [M]. 北京：人民邮电出版社，2012.

[4] 高伟，杨学成 . 计算机辅助园林设计 [M]. 重庆：重庆大学出版社，2012.

附录 1

常用材质贴图与
光域网 1

常用材质贴图与
光域网 2

常用材质贴图与
光域网 3

常用材质贴图与
光域网 4

附录 2

3ds Max 快捷键和常
用修改命令中英文对
照一览表

后 记

　　这一本《3ds Max/Vray 工程设计表现基础与实例详解》是我从事 3D 室内外效果图教学经验的总结。把整个效果图制作过程进行分解，对建模、材质、摄像机、灯光、渲染、后期处理各流程进行详解，把复杂的绘制过程进行简单化处理，每个教学案例配有视频，同学们可以扫码进行学习，有利于提高学习效率。

　　笔者在教学过程中深深体会到，软件只是一个表现工具，想达到更好的表现效果应从根本上提高自身的审美能力和综合空间设计能力。很好的空间创意，要用恰当的形式表现出来。在以创造样式和形式为主的效果图设计行业，"表现即设计"，能用恰当的形式进行表现和表现形式的优美是效果图设计的核心。最后呈现的效果图就是对成果的表现，软件操作技术的进步就是给表现更多优美空间打下基础。我们在学习软件的同时，应不断加强空间调整和软装搭配能力的训练，提高将抽象的图形具象化的能力，这样才能做到熟练运用软件，创造出理想的室内外效果图作品。

　　在使用该教材过程中，如模型、施工图和材质图片有问题或有更好建议，请发送至 313357819@qq.com。本书在编写过程中难免存在不足之处，还望读者和专家批评指正。